拥抱
与众不同的你

高敏感者的超能力

[美] 阿曼达·卡西尔（Amanda Cassil）———— 著　　吴思怡————译

"敏感"是一种超能力，帮你获得工作和生活的平衡

THE EMPOWERED HIGHLY SENSITIVE PERSON

中国科学技术出版社
·北　京·

北京市版权局著作权合同登记　图字：01-2023-1409。

图书在版编目（CIP）数据

拥抱与众不同的你：高敏感者的超能力 /（美）阿曼达·卡西尔（Amanda Cassil）著；吴思怡译 . — 北京：中国科学技术出版社，2023.8

书名原文：The Empowered Highly Sensitive Person

ISBN 978-7-5236-0247-8

Ⅰ . ①拥… Ⅱ . ①阿… ②吴… Ⅲ . ①心理学—通俗读物 Ⅳ . ① B84-49

中国国家版本馆 CIP 数据核字（2023）第 094936 号

策划编辑	杜凡如　李　卫	责任编辑	史　娜
封面设计	创研设	版式设计	蚂蚁设计
责任校对	焦　宁	责任印制	李晓霖

出　　版	中国科学技术出版社
发　　行	中国科学技术出版社有限公司发行部
地　　址	北京市海淀区中关村南大街 16 号
邮　　编	100081
发行电话	010-62173865
传　　真	010-62173081
网　　址	http://www.cspbooks.com.cn

开　　本	880mm×1230mm　1/32
字　　数	117 千字
印　　张	6.75
版　　次	2023 年 8 月第 1 版
印　　次	2023 年 8 月第 1 次印刷
印　　刷	北京盛通印刷股份有限公司
书　　号	ISBN 978-7-5236-0247-8/B·151
定　　价	59.00 元

（凡购买本社图书，如有缺页、倒页、脱页者，本社发行部负责调换）

前言

　　也许你总是感到疲惫不堪，别人会用"神经脆弱"来形容你；也许你觉得家务永远也做不完或正经历着工作的精神内耗。当你回想你的一天时，与同事的交流可能会使你充满自我质疑，继而眼眶湿润。甚至老板的表扬也会使你困惑，就好像你惹了麻烦似的。你也可能在每天下午的时候发现自己注意力分散、头脑不清晰，或者因压力大而头疼。你每天最喜欢的时刻是一个活动结束后30分钟的独处时光，这时你可以在一个相对安静、昏暗的环境中得到休息。"我哪里出了问题呢？"你问自己，"其他人的处境好像没我这么艰难。"

　　作为高敏感人群（HSP）中的一员，生活在这个信息量爆炸的世界里，你也许常常会怀疑自己"有问题"。所幸事实并非如此。当你了解了有关高敏感人群的背景和知识之后，你对世界的感受会发生天翻地覆的变化。

　　我在加州理工学院进行临床实习时，第一次听到了"高敏感人群"这个术语。作为一名高度敏感的人，我惊奇地发现这个特质居然有一个术语名称，而且很大一部分人都有这种特质，于是我对这个话题深深地着迷了。然而在那时，有关这个话题的信息并不多，几乎只有伊莱恩·艾伦博士（Dr. Elaine Aron）对此有研究。艾伦博士是一名心理学家，她从1991年开始研究高度敏感这一特质，并于1996年出版了《天生敏感》（*The Highly Sensitive Person*）一书。自从知道了这个特质，我就一直追踪有关高敏感人群的最新研究，也会在与我的来访者（他们中的大部分人为高敏感者）交流时了解此类特质。

我是一名执业临床心理学家，我的工作对象主要是科学、技术、工程和数学（STEM）领域的女性和少数群体。我有幸可以帮助来访者理解何为高敏感特质，并使之成为他们通向成功道路上的垫脚石。当高敏感的来访者第一次来向我求助时，他们通常正在经历某种抑郁或焦虑，因为他们正在上述领域的高压环境中工作。随着治疗的进行，他们变得更加自信和成功了。具体来说，他们的自信心增强了、肢体语言更灵活了、人际关系更好了、生活质量也提升了。可是这并不意味着他们遇到的事变简单了，而是因为当这些高度敏感的人遇到生活中无法避免的挑战时，经过调整的他们有了更多应对的工具。

　　本书的写作是基于过往的研究文献以及我作为心理咨询师对高敏感人群的持续观察。本书的练习选自我的来访者回答的问题和做的练习。你也许会发现其中的一些练习适合你，而另一些不太适合，这是正常的。在尝试做这些练习时，你可以确定哪些工具适合你，并将其应用到你的生活中，这样你同样可以变得更加自信和成功。

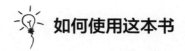 **如何使用这本书**

本书的目的是全面概述影响高敏感人群的普遍经历。每章将会探讨一些不变的主题，比如高敏感者过去的经历和常见的挑战。练习会涉及反思过去、评估现在和计划未来这三个方面。你可以从头至尾通读本书，也可以跳到自己需要或感兴趣的地方进行阅读。但正如其他书一样，本书在每一部分的全面性上也有一定的缺陷，所以，如果你想深入研究，本书的末尾为你提供了参考文献清单。

当你阅读时，请务必牢记以下几点。

第一，每个高敏感者的经历都是独一无二的。所以，即使你无法与书中的某些话产生共鸣，也不代表你的经历是不重要的。概论可以帮助人们理解高敏感者群体，但可能会忽略个体间的细微差别。你最好的选择是相信自己的亲身感受，并继续研究不同作者的多种观点。

第二，当你做有关过去经历的练习时，很有可能会触发你的心理状态发生改变，或者使其恶化。当你发现自己因书中的某一练习而导致心理状态出现异常时，请一定要向身边的专业医生求助。我相信，很多咨询师会非常乐意使用诸如本书中的心理自助练习来帮助你。

第三，本书中的大部分问题都是可以重复练习的。你可以翻开本书，找出一些练习，确定哪些方法对你有用。一些人偏好写日记，他们会写在电脑或手机上，或者复印这些练习。最重要的是，你应该以一种有意义且有用的方法来使用本书。

本书不适合快速浏览。你需要给自己一些时间，将不同的练习间隔开来，消化吸收知识，再重复先前的练习。认识自己的过程如同了解一位朋友。这个过程可能是有趣的、令人激动的，也可能是让人疲惫的。这个过程充满了很多新知识，并且需要你时不时地进行回顾。当你和自己过去的经历对话时，你可以运用这些新知识，这样对话就会不断变化发展，形成一个不会有最终答案的流动过程。而这正是本书的美妙之处。

CONTENTS
目录

第一章

何为高敏感者

也许你对高敏感人群（HSP）这个称呼是陌生的，抑或你在其二十多年前被提出时就已知晓，不管是哪种情况，本章都将对何谓高敏感人群进行概述。在本书中，你将会对高敏感人群在家庭生活、人际关系、工作场景、健康状况和社会生活中常常遇到的困难以及具备的独特优势有所了解。

本书可能是一段令人激动的发现之旅，又或许充满了紧张的情绪，但大多数情况这两者兼具。在探索这一人格特征时，你可能会涌现一些情绪，请给自己一些空间来回应这些情绪。自我发现与洞察的过程从来都不是简单明了或一帆风顺的。当你读到与你产生共鸣的地方时，请慢慢地吸收和消化它，将其融入你对自己的理解中。至于那些你没有产生共鸣的地方，将它们置之不理就可以了。

什么是高敏感

与非高敏感人群相比，高敏感人群具有以下四种特质：更深入地处理信息、容易受到过度刺激、情绪强烈，以及由于感官灵敏性而更易觉察环境的细微变化。在后面的章节中，我们将更深入地探讨这四种特质，并搭配一些练习。这些探讨和练习能帮助你看清这些特质如何在你的生活中展现，并教你如何回应。

深入地处理信息

高敏感人群是深度思考者。这使得他们善于考虑一个情况的所有方面，紧跟潮流趋势和世界大事件，洞悉生活的意义和事情的背景。深度思考使得高敏感人群在做决定或总结时优柔寡断。同时，他们勤勉认真，容易觉察他人情绪，能意识到事情的长期后果，洞察力强，也常常反思自己。

研究显示，高敏感特质与大脑结构（有关认知、感觉加工、注意力和情绪信息处理的部位）的活跃度增强存在相关性。这些脑部研究和基因相关性的假设表明了高敏感特质潜在的生物学基础。根据对大脑活动的监测，我们知道了高敏感人群在接收周围信息的同时，也将这些信息进行了深入的处理。虽然对信息进行深度处理很有价值，但是它会让人筋疲力尽，使得高敏感人群受到过度刺激。

容易受到过度刺激

高敏感人群不但大脑活跃度更强，其活跃次数也更多，提供高阶视觉处理的大脑区域会产生活动，处理感觉整合和意识的大脑区域也被激活了。这意味着高敏感人群受五种感官刺激的影响更大，因此更容易受到过度刺激。过度刺激源于高强度的刺激（如一声巨响或刺鼻的气味）或持续性的低强度刺激（如环境中轻轻的滴答声）。

如果高敏感人群没有很好的策略来应对过度刺激，过度刺激就会导致高敏感者面对长期压力，产生焦虑和逃避行为。如果他们能从容应对，高刺激便能使他们充分享受生活的美好，比如精致的美食、细微的香味或大自然的美丽，他们也会在一些需要深度处理信息的领域大放异彩，比如艺术界和科学界。

情绪强烈

与非高敏感人群相比，高敏感人群对积极和消极的情绪体验都会产生更强烈的反应。他们可能会因为喜悦、感激或宽慰而感动到哭泣。同时，他们也更容易受到暴力电视节目、社会不公事件或粗鲁行为的消极影响。高敏感人群更容易觉察到他人情绪，也更容易被他人情绪所影响。高敏感人群就像海绵一样，不断吸收他人的正面或负面情绪。

在克服社会生活中的困难或处理人生重大事件时，无论这些事是正面的还是负面的，高敏感人群花的时间要比其他人长得多。研究发现，高敏感人群处理情绪与同理心的大脑区域活跃度更高（Greven et al., 2019）。这种大脑活动意味着高敏感人群总是能敏锐地觉察到他人的情绪状态，这可以说是他们的一种"天生直觉"。有时候，高敏感者甚至可以比对方更快地觉察到其情绪状态。

感官灵敏性与环境的细微变化

高敏感人群的感官灵敏性可以使他们敏锐地感知到周围环境的细微变化。这种感知力与大脑如何处理感觉信息有关，而与感觉器官本身的关系并不大。换句话说，如果一个高敏感者注意到某个材质是粗糙的，那并不是因为他有极其敏感的手指，而是因为他的大脑更深层地处理了手指感知到的信息。

研究也肯定了感官灵敏性与细节感知的联系。高敏感人群在觉察到环境的细微变化时，比觉察到重大变化时，其神经活动更强烈。高敏感人群注意到的事情在旁人看来可能是不可思议的，比如一两度温度的变化。

本书没有涵盖这方面全部的科学研究，如果您有兴趣，可以阅读以下两篇研究综述——艾伦博士在2010年发表的《心理疗法与高敏感人群》中的综述、附录章节和格雷文等人的一篇批判性研究综述。在自行查阅研究时需要注意，文献中高敏感人群的术语是"感官处理灵敏度"（sensory processing sensitivity, SPS）。

高敏感者 vs 内向者、外向者和移情者

对于高敏感者来说，社交情境可能会使他们不堪重负，因为他们会持续地处理大量信息，例如他人的情绪、微表情、言外之意以及环境中的背景信息。在充满过度刺激的社交情境中，高敏感者经常会使用诸如默默观察、提早离场和事后减压等应对机制。此类行为可能会被误认为是"内向"，而事实上这两者是截然不同的性格特质。

　　根据迈尔斯-布里格斯类型指标的定义，内向和外向指的是一个人从哪里汲取能量的心理偏好。内向者可能会在晚上和朋友出去玩，但会因此变得非常疲惫；而外向者可能也会在夜晚读一本好书，但会感到坐立不安，更想出门和人交谈。虽然很多高敏感者都是内向者，但是高敏感特质与内向、外向特质的测量指标是不同的。高敏感者的感官灵敏度指的是他们如何处理信息，而内向、外向指的则是一个人将注意力放在何处，以及从哪里汲取能量。

　　有个术语经常与高敏感者互换使用，那就是"移情者"。高敏感者的一个关键指标，是他们对自身情绪的强烈感受和对他人情绪的敏锐觉知。一些人会将高敏感者和移情者的概念互换使用；另外一些人认为移情者与高敏感者的不同之处在于，移情者有心灵层面的因素；还有一些人认为移情者属于高敏感者，他们只是比其他高敏感者更加敏感，对事件感受的程度更深。如果有人使用了"移情者"这个词，最好让他做一下解释。因为直到今天，"移情者"这一概念尚未得到科学界的承认。

　　高敏感人群形形色色、各不相同，而且每个人都有自己独特的社会体验。问问自己，什么事情能给你充电、什么事情令你疲惫、什么事情使你紧张，以及什么事情能给你满足感，可以帮助你厘清你的喜好和需求。当你面临内耗的社交情境时，这也能帮助你提前做好规划和想出实用的应对方法。

高敏感人群与社会

任何社会中的文化理念都对高敏感人群有很大的影响。作为一名高敏感者，你可能会记得，自己的能力有时被低估了，而一个看起来不太敏感、没那么善解人意且更外向的同事却被认为更适合做某个项目。苏珊·凯恩（Susan Cain）在讨论美国企业精神中外向特质的历史时，举了一个与此相关的例子。企业界有重视人脉交往和特别重视演讲能力的风气，人们得以从中接收各种暗示和明示的信息，她认为高敏感者的不受重视与这种风气有关。凯恩坦言，尽管这些技能很有用，但是在职场上过度强调这些技能会贬低其他技能的重要性。然而被鼓励变得外向的这一压力并不仅来自企业，这一文化理念由诸多因素塑造而成。以下是一些对高敏感人群具有挑战性的例子：

- 高密度的城市（例如纽约、北京和孟买）

- 吵闹的活动（例如演唱会、派对和夜店活动）
- 对名气和影响力的重视（例如认为发表公众演讲或表演比教学更有价值）
- 决策疲劳（例如杂货店里过多的选择）
- 社会期待（例如被认为在大学里应该熬夜、大量饮酒和摄入咖啡因，以及忍受吵闹的宿舍）
- 崇拜忙碌（例如赞赏因工作太忙而睡眠不足的人）
- 性别刻板印象（例如"男儿有泪不轻弹"）

社会所重视的事不一定适合你，它们反而时常会给你带来紧张情绪，你还能想到其他的例子吗？

这本书的目的不是去"治愈"你的高敏感，而是帮助你学会发挥高敏感的优势。要学习任何一种技能或特质，必须先精准地评估它的优势和劣势，这样才能做出明智的决策。这一过程不可避免地会引发挫败、悲伤和失望的感觉，这些情绪都是成长过程中的正常情况。当你悲痛地放下你无法拥有的事物时，你就为你所拥有的事物腾出了空间。希望本书中的练习能让你在评估、放弃和拥抱你的特质之间取得平衡，使你的人生越来越精彩。

当你感到挫败时，一个有效的练习是，想一想高敏感人群在社会中的价值（即使它不一定为所有人所知）。许多有天赋的艺术家、哲学家、音乐家、研究者、医生、心灵疗愈师和教师，都对他人的人生产生了深远影响，这是因为他们认识了自己的高敏感特质，并学会了发挥它的价值。

了解你的过去

高敏感人群经常会因为自己的与众不同而备感挣扎。他们经常能听到这样的话，"你太敏感了""这件事不应该使你这么困扰""就忘了它吧"。这些话会让你对自己拥有这一特质产生羞愧感。比方说，也许你曾经是一个高敏感小孩，忍受不了学校食堂的吵闹声和气味，或者想要逃离争吵不断的家。这些过往经验会导致你经常感到被非高敏感的同伴或成年人边缘化。

本书的每一章都会有特定部分让你回顾自己的早期童年经历，帮助你知晓这些早期经历是如何变成你理解现有和未来经历模板的。回顾这些对你有害的模板是艰难并且痛苦的，但是它却能使你自由并充满能量。"交织性"这一术语将鼓励你反思自己不同的身份（例如性别、种族和收入水平）之间如何互相作用，以及反思你作为高敏感者的这一身份。

如果你现在有一个高敏感的孩子，你可能会发现，对你自己作为一个高敏感孩子的童年经历的反思与你现在支持你的高敏感孩子这件事有很多相似之处。许多高敏感儿童都有着很强的观察力和直觉。当一个高敏感儿童受到过多刺激和感到压力过大时，他们的反应可能会有些过激。但是对高敏感儿童而言，事情确实很严重，而忽视或否定他们的情绪可能会对其造成很深的伤害。高敏感儿童遇到刺激时可能会有强烈的反应，这些刺激包括家庭成员之间的紧张氛围、一个人独处时间太久或太早被迫独处、感觉自己不被支持以及未能得到安慰。受高敏感特质困扰的小孩可能比同龄人压力水平更高，会表现出高度紧张或焦虑，难以从一项任务切换到另一项任务，并且想要逃避负荷过高的环境。

本书第三章将会深入探讨家庭中的高敏感儿童。我们需要记住几项有用的准则：高敏感儿童易于接受温柔的纠正，而严厉的惩罚会对他们造成深深的伤害；和他们讨论为何设立一些规则或他们因何受到惩罚，会对他们有好处；如果他们信任的大人能帮助他们理解和处理这些情绪，他们就能很好地应对这些强烈情绪。通过反思自己的童年，你可能会发现自己的需求被忽视的地方，以及在你成长道路上支持你的人。这也能帮助你辨别并支持你生活中遇到的高敏感儿童的需求。

高敏感人群自查量表

　　艾伦博士的"你是高敏感者吗"测验是检验高敏感特质的标准量表。如果你还没有做过这个互动性测验，你可以去hsperson.com网站上做一下。以下这份精简版高敏感特质四项原则评估表（见表1-1），可以帮助你了解自己的个人特质。你可以在符合你特征的描述选项上打钩。

表1-1　精简版高敏感特质四项原则评估表

深入地处理信息
■ 我在做决定时会深入思考，因此我做决定很慢。 ■ 我喜欢花时间反思复杂的话题。 ■ 我努力按照自己的信念去生活。 ■ 我喜欢竭尽全力完成任务，极其讨厌犯错。
容易受到过度刺激
■ 受到过度刺激时，独处或昏暗安静的环境让我感到舒服，有助于我平静下来。 ■ 我发现，强烈的视觉、声音、气味、味道或质地会让我感到不堪重负、生气或疲惫。 ■ 我发现，同时面临几个任务的截止日期、被关注或混乱的环境让我格外不自在。

续表

情绪强烈
■ 我能察觉到别人的情绪，并受其影响。
■ 我经常留意帮助别人，想要使他们感到更舒服。
■ 我发现，我喜欢的视觉、声音、气味、味道或质地会让我深深感动。
■ 当我的生活可以预测并且按部就班时，我感到比较平静。

感官灵敏性
■ 我能察觉到环境中的细微变化。
■ 我容易被一些物质（如咖啡因）或内在刺激（如饥饿感）所影响。
■ 曾有人说我观察力强。

　　从你打钩的选项可以看出，不同的人所表现出来的高敏感特质有很大的差异。也许你给"容易受到过度刺激"类别中的大部分描述都打钩了，但是对于"深入地处理信息"这一类别，你却几乎没有选。在本书接下来的内容中，你将会了解到更多有关如何发挥你独特的高敏感优势的方法，以满足你的个人需求和实现你的个人目标。

本章回顾

在你继续阅读本书时，请牢记没有哪两位高敏感者的经历是完全相同的。本书中的一些练习可能会引起你的共鸣，而另外一些练习可能对你来说效果甚微。所以你应该专注于对你有用的练习，放弃那些没用的。请记住：

1.高敏感人群的特征包括深入地处理信息、容易受到过度刺激、情绪强烈和对于环境细微变化的感官灵敏性。

2.高敏感者只是你身份的一部分。在阅读本书时，你应该将自己的所有身份都代入思考。

3.一些事情（例如你的反应）在你的掌控范围之内，另外一些事情（例如社会结构）就不是你可以掌控的了。你可以据此选择自己想做出的改变，并谨慎地承担责任。

第二章

生活中的超能力 ——
如何建立生活节奏

　　高敏感者在日常生活中会深入探索无数的情绪和刺激，这会令其疲惫不堪。在非高敏感者看来轻松容易的任务，可能会令高敏感者不堪重负，引发疲惫或焦虑。在本章中，你将会反思高敏感者在日常生活中的一些状态。本章中的练习将会帮助你盘点哪些事情适合你做、哪些不适合，以及你想改变哪些事情。为了达到这一目的，你将探索如何进行自我照顾和创造积极经历，你也将学会如何评估和处理消极经历。

高敏感人群与日常生活

　　在理想状态下，你在日常生活中感受到的刺激足以使你有动力投入你正在做的事情中去，但又不至于让你感到不堪重负、焦虑或止步不前。不是所有的压力都是不好的，事实上，当压力刚好可以激活或刺激你的中枢神经系统，来帮助你完成任务时，它就是有益的。当压力阻碍了人的正常行为时，它就成了过度刺激。

当切换环境、任务和社会背景时，你需要处理身体、认知和情绪上的变化。高敏感人群在应对生活中的这些变化时，常常凭直觉采取一些有用的策略，例如总是随身带一件外套"以防需要"。这些策略可以帮助你预防过度刺激，使你保持在最佳状态。从无意应对到有意应对的转变，可以提升你的自信，增强你的表达需求的能力或应对挑战的能力。高敏感人群可以使用这三种有意应对措施：建立过渡时间、遵守常规行程和规划你所处的环境。

建立过渡时间。当你完成一项活动时，一段过渡的时间可以使你在处理信息和接受刺激这两个层面放松下来，以便转向新的任务。就像锻炼需要做热身和舒缓运动一样，人体也需要时间来调整适应。这些过渡时间能让你有时间将前一个任务的刺激平复下来，为进行下一项任务做好准备，这一过程对于调节压力程度至关重要。

建立过渡时间其实很易于操作，比如在两个工作会议的间隙上个洗手间，或者询问朋友晚餐聚会是否可以推迟30分钟。对于高敏感人群来说，醒来之后和睡觉之前经常需要过渡时间，在睡觉之前进行阅读或写日记等舒缓心情的活动，可以帮助高敏感人群放松。同样，高敏感人群也不喜欢早上直接从床上弹起，因此给自己30分钟的时间，为一天做好心理上的准备，可以显著地降低你的压力水平。

遵循常规行程。常规行程可以帮助你知道接下来会发生什么事，你可以根据肌肉记忆来运作，以此帮助你调节刺激水平。人们在执行新任务时往往会更加警觉和专注，所以如果你的身体从来都不知道即将发生什么，那么你的身体就会以一种高度集中的状态来运作，而这些活动本不需要如此高的专注度。如果你每天早晨都遵循相同的行程，那么你的认知资源就不会被早晨的各个小任务耗尽。你便可以在这一整天的其他任务上使用这些认知资源。高敏感人群偶尔会评估他们的各项常规行程，使其更加有效率和简单。

规划环境。规划你的环境可以帮助你管理日常压力，尤其是改变用来放松的空间，例如卧室或客厅。高敏感人群处理感觉信息的程度较深，因此他们时刻在处理环境输入的信息。新的或变化的刺激、嘈杂的环境或令人不适的刺激（例如刺眼的光线或难闻的气味）会导致我们的中枢神经受到刺激。高敏感人群一般不喜欢自己的居住环境中有乱七八糟的杂物，因为他们的大脑会将每一样杂物都视为一个需要被处理的信息点（或者新的视觉刺激）。新的视觉刺激越少，人所受到的刺激就越少。

对于高敏感人群来说，规划与他人共享的空间可能是有难度的。关键是积极沟通你的需求并愿意妥协。你需要注意你对不同颜色、形状、质地、空间、光线、声音和气味的不同反应。在规划空间时，可以充分考虑这些感受，这样才能打造出你能接受的最适宜刺激的空间（例如办公地点）或摆脱最大刺激的空间（例如休闲区域）。即使是微小的调整，比如整理一沓纸，也能导致很大的不同。

评估和规划你的环境

在下面的练习中（见表2-1），你可以花一些时间来评估你周围的环境是如何影响你的。

你可以坐在家中最常使用的区域，慢慢地扫视这个空间，观察你的五种感官所接收到的信息。请留意你的情绪和身体的感受，然后根据你的感觉，在以下方框内写下阻碍和帮助你放松的事物。你可能会产生各种感觉：平静、不安、有活力、疲倦、紧张、激动、不堪重负等。在理想状态下，用来放松的地方（例如客厅或卧室）应该有暗示和支持放松的事物。你可以在经常使用的每个居住空间中重复以下这个练习。

表2-1　评估你周围环境的练习

感官接收到的信息	什么能帮助你放松	什么会干扰你放松
你看到了什么？	例如：一只色彩鲜艳的鸭子	例如：桌子上堆的杂物
你听到了什么？	例如：啾啾的鸟鸣声	例如：时钟的滴答声
你闻到了什么？	例如：蜡烛	例如：脏衣服
你摸到了什么？	例如：柔软的毯子	例如：栏杆上的斑驳碎片

在评估完空间之后，不妨花一些时间来回想一下干扰你的物品。列出对你干扰最大的三件物品，并写出它们是如何干扰你的。

例如：桌子上堆的杂物增加了我的焦虑程度，因为这使我觉得我还有事情没做完。

1._____

_____

2._____

_____

3._____

_____

现在，您可以写下改变这些压力因素的方法。

例如：将文件资料和邮件分为三摞，分别为"待归

档""撕碎处理"和"需要回复"，并在收到时就将它们
分类。

1.＿＿＿＿＿＿＿＿＿＿＿＿＿＿＿＿＿＿＿＿＿

＿＿＿＿＿＿＿＿＿＿＿＿＿＿＿＿＿＿＿＿＿＿

2.＿＿＿＿＿＿＿＿＿＿＿＿＿＿＿＿＿＿＿＿＿

＿＿＿＿＿＿＿＿＿＿＿＿＿＿＿＿＿＿＿＿＿＿

3.＿＿＿＿＿＿＿＿＿＿＿＿＿＿＿＿＿＿＿＿＿

＿＿＿＿＿＿＿＿＿＿＿＿＿＿＿＿＿＿＿＿＿＿

最后，请列出对你最有帮助的三种刺激物。当你之后规
划空间时记住这些物品，并将它们视为你在紧张时可以缓解
紧张情绪的资源。了解什么物品可以使你平静，你才可以更
好地照顾自己；在你想要享受你的空间时，可以优先考虑这
一点。

例如：听到早晨的鸟鸣，我会感到放松。当我感到紧张
时，我可以在喝咖啡的时候打开窗子，这样就能更好地享受
鸟鸣了。

1.＿＿＿＿＿＿＿＿＿＿＿＿＿＿＿＿＿＿＿＿＿

＿＿＿＿＿＿＿＿＿＿＿＿＿＿＿＿＿＿＿＿＿＿

2.＿＿＿＿＿＿＿＿＿＿＿＿＿＿＿＿＿＿＿＿＿

＿＿＿＿＿＿＿＿＿＿＿＿＿＿＿＿＿＿＿＿＿＿

3.＿＿＿＿＿＿＿＿＿＿＿＿＿＿＿＿＿＿＿＿＿

＿＿＿＿＿＿＿＿＿＿＿＿＿＿＿＿＿＿＿＿＿

在家里不同的空间里，你对事物的反应可能也会不同。在书房里能让你集中注意力的一种颜色，可能出现在客厅时，就会使你感到压力。当你的生活随着时间变化时，你可能会想要重复这个练习，重新评估你的空间。盘点你周围的空间，可以帮助你剔除生活中不必要的压力源，增加有益的刺激物。

你最适宜的刺激程度

与高敏感相关的文献经常使用"过度唤起"（overarousal）这个术语，对于没有高敏感体验的人来说，这个词有些令人困惑。本书使用的是"过度刺激"（overstimulation）这个术语，因为该词描述了中枢神经系统受到刺激时的生理过程。为了更好地理解过度刺激，让我先来简单介绍一下中枢神经系统。中枢神经系统由大脑和脊髓组成。它对于有意识表达（例如思维、动作和情绪）和无意识发生的事情（例如呼吸、心跳、激素调节和体温调节）来说至关重要。中枢神经系统是处理五种感官信息的地方，这是高敏感人群与非高敏感人群对世界体验感不同的关键所在。一个国际研究团队回顾了多个现有的高敏感人群功能性核磁共振影像（fMRI）研究。结果一致表明，为高敏感群体测量的不同大脑区域比非高敏感群体的这一大脑区域更加活跃。

每个人的中枢神经系统处理能力都有限，因此当它的处理能力到达一定程度时就会有不堪重负的感觉。例如，每个人理想的工作空间温度都不同，感到太热或太冷的速度也不同，最终达到某一温度时，他们会变得迟钝、注意力不集中或者无法以自己正常的方式工作。高敏感者的理想温度可能比非高敏感者要明确得多。高敏感人群的高度敏感本质上是中枢神经系统的深度处理。虽然这会给高敏感人群带来优势（例如更深入的理解和更强的同理心），但也意味着他们更容易达到上限、感受到忧虑和表现不佳。

无论遇到何种刺激，与非高敏感人群相比，高敏感人群的中枢神经系统处理信息的程度都更深。这会导致高敏感人群易于疲惫，因为他们的整个大脑和脊髓随时都在处理大量的信息。如果你在电脑上同时运行多个复杂程序，你会发现电脑的效率有时会下降。对于大脑运动活跃的人来说，亦是如此——想象一下高敏感人群要比非高敏感人群运行更多的复杂程序。这就是为什么你在回答问题前需要停一下或者在回复邮件前需要进入一个安静的办公环境中。

你的中枢神经系统持续消化信息，然后做出回应来调节你的身体。常见的调节反应可以帮助中枢神经系统回归平衡，例如，哭泣可以释放皮质醇这类压力激素。在你的身体尝试调节中枢神经系统功能平衡时，你应该对自己抱有同理心，即使你不能改变使你失衡的刺激因素，这种心态对你也很有帮助。诸如脸红和心跳加速，这些其他中枢神经系统的反应，也是你的身体调节过度刺激的方式。想要了解你的中枢神经系统如何反应，以及给自己空间和时间来练习身体的自我调节，练习正念冥想是一个很好的方法。

评估刺激程度

了解让你产生刺激的物品，可以帮助你建立一个可持续的日常节奏。花一些时间来反思一下以下几种情境，写下对你产生积极或消极影响的例子（见表2-2）。注意，同一个刺激可能同时适用于两栏（例如，与陌生人见面）。假如一个刺激有可能是积极的，也有可能是消极的，可以加以详细说明（例如表2-2中的"咖啡"）。

表2-2　评估刺激程度练习

刺激来源	我喜欢的事物	我不喜欢的事物
生理：高强度的感官输入（视觉、味道、触感、声音、气味）	例如：吵闹的演唱会	例如：汽车的喇叭声
生理：低强度的感官输入（视觉、味道、触感、声音、气味）	例如：柔和的光线	例如：暖通空调机组的声音
认知：新体验	例如：探险	例如：不确定性
社交：成为关注的焦点	例如：感到被接纳	例如：害怕搞砸事情
生理：物质（如药物、糖和咖啡）	例如：咖啡可以提神	例如：咖啡使我焦虑
多维因素：惊喜	例如：浪漫	例如：使人无法承受
情绪：处理情绪	例如：与朋友分享感受	例如：看一个悲伤的电影
认知：深度讨论或思考的主题	例如：与他人产生联结	例如：感到沉重或悲伤

在你了解到不同的刺激如何影响你之后，你可以有意控制自己何时与如何暴露在某些刺激之下（例如，在这个时刻，喝咖啡对我是有益还是有害的）。当你不能控制自己暴露在刺激下的程度时，试着去理解自己为何会觉得难以承受，这样你就会对自己产生自我同情，而非自我责备。只是

简单地理解自己在当下发生了什么，也是可以帮助你安抚自己的焦虑情绪的。

常见挑战

环境中的刺激程度不可能总能被控制，这对高敏感者来说是一种挑战。你不能控制你的雇主使用的灯光，你不能控制一个商店播放的音乐，你也不能控制同事喷的香水味道。有时候，仅仅生活在这个世界上就让你觉得精疲力竭、心灰意冷，并且容易生气。然后，你可能会对朋友或亲人发火，事后又觉得自责和羞愧。

应对过度刺激是一件难事。为了应对过度刺激，我们应该周密计划，并采取预防措施。需要注意的是，即使对自己掌控范围内的事做决定，也会造成过度刺激和决策无力，所以调整自己的节奏很重要。

对于高敏感人群来说，他们会感到生活不公且艰难，这是很常见的情形，也是意料之中的。如果不用提前做准备，不用拟订应变计划，或者担心自己不堪重负，那岂不是很好？但是如果高敏感人群不认真审视自己，他们可能会自我责备，或者希望自己变得更像其他人，而高度敏感只是因为"自己想得太多"。这会导致他们陷入一种无法摆脱的困境，他们可能会忽略自己的需求，从而使得自己接收更多的过度刺激，生活体验变差，进而觉得自己与他人更加格格不入了。

有时你会觉得身为一名高敏感者是一件很快乐与美妙的事，那么这时就尽情享受吧！当你觉得生活艰难时，请记住，没有限制的幻想终究只是一种幻想。每个人都有局限性，人类必须要面对这个事实，并找出生存之道。每个人与生俱来的身体和处境都是不可选择的。我们必须接受自己无法改变的事实，并在此范围内做最大的发挥。因此，请感受这天生的不公平，消化内心的悲伤，给自己空间应对这件事，然后开始寻找你有把握提升自己的地方。最重要的是，记住高敏感不只是"你的大脑想得太多"，它由你的中枢神经系统控制，只是正好这个系统也包含了你的大脑。

合理分配资源

执行所有任务都会花费时间、体能、注意力和情感带宽。你每天高效工作、生活的时间是有限的，管理你的时间就是管理这些有限的资源。从未来透支资源来挺过现阶段，会让你受到过度刺激而筋疲力尽。

了解自己需要多少时间睡觉和休息，需要多少时间在任务之间切换，以及需要多少时间从容不迫地吃饭，能够帮助你为每天和每周的效率设立实际目标。尊重自己的局限性实际上会提高你的日常效率，因为你处在最佳状态。

1. 在以下列表清单中列出你下周工作和生活中必须要做的事和想做的事（见表2-3）。当你做这个清单练习时，你可能想要将这个练习或这个练习的改进版纳入你的日计划、周计划或月计划里。

表2-3　一周计划练习清单

事情分类	工作/学习	个人生活
必须要做的事	例如：截止日期、规定要求、会议、课程	例如：个人卫生、食物、睡眠、医生预约；包括一项自我照顾的活动
想要做的事	例如：正在进行的项目、没有截止日期的任务	例如：社交活动、项目活动

2. 请利用以上清单，开始建立一个时间表，然后把清单中的项目填写至表2-4一周工作、生活行程表中。

表2-4　一周工作、生活行程表

星期日		
凌晨0点	中午12点	
凌晨1点	下午1点	
凌晨2点	下午2点	
凌晨3点	下午3点	
凌晨4点	下午4点	
早上5点	下午5点	
早上6点	下午6点	
上午7点	晚上7点	
上午8点	晚上8点	
上午9点	晚上9点	
上午10点	晚上10点	
上午11点	晚上11点	
星期一		
凌晨0点	中午12点	
凌晨1点	下午1点	
凌晨2点	下午2点	
凌晨3点	下午3点	
凌晨4点	下午4点	
早上5点	下午5点	
早上6点	下午6点	
上午7点	晚上7点	
上午8点	晚上8点	
上午9点	晚上9点	
上午10点	晚上10点	
上午11点	晚上11点	

续表

星期二			
凌晨0点		中午12点	
凌晨1点		下午1点	
凌晨2点		下午2点	
凌晨3点		下午3点	
凌晨4点		下午4点	
早上5点		下午5点	
早上6点		下午6点	
上午7点		晚上7点	
上午8点		晚上8点	
上午9点		晚上9点	
上午10点		晚上10点	
上午11点		晚上11点	
星期三			
凌晨0点		中午12点	
凌晨1点		下午1点	
凌晨2点		下午2点	
凌晨3点		下午3点	
凌晨4点		下午4点	
早上5点		下午5点	
早上6点		下午6点	
上午7点		晚上7点	
上午8点		晚上8点	
上午9点		晚上9点	
上午10点		晚上10点	
上午11点		晚上11点	

续表

星期四			
凌晨0点		中午12点	
凌晨1点		下午1点	
凌晨2点		下午2点	
凌晨3点		下午3点	
凌晨4点		下午4点	
早上5点		下午5点	
早上6点		下午6点	
上午7点		晚上7点	
上午8点		晚上8点	
上午9点		晚上9点	
上午10点		晚上10点	
上午11点		晚上11点	
星期五			
凌晨0点		中午12点	
凌晨1点		下午1点	
凌晨2点		下午2点	
凌晨3点		下午3点	
凌晨4点		下午4点	
早上5点		下午5点	
早上6点		下午6点	
上午7点		晚上7点	
上午8点		晚上8点	
上午9点		晚上9点	
上午10点		晚上10点	
上午11点		晚上11点	

续表

星期六			
凌晨0点		中午12点	
凌晨1点		下午1点	
凌晨2点		下午2点	
凌晨3点		下午3点	
凌晨4点		下午4点	
早上5点		下午5点	
早上6点		下午6点	
上午7点		晚上7点	
上午8点		晚上8点	
上午9点		晚上9点	
上午10点		晚上10点	
上午11点		晚上11点	

　　首先，请填入你的睡眠，包括上床和起床前后的日常活动。

　　其次，将你一周计划练习清单中"必须要做的事"表格中的任务放入表2-4一周工作、生活行程表中，可以将每个时间段再细分为15分钟或30分钟。如果你用的是电子日历，你可以在电子日历中做这个练习。

　　加入一周计划练习清单中你"想要做的事"，要明白因为你"必须要做的事"占用了你的很多时间和精力，一些你"想要做的事"就可能会被挤掉。

　　请把所有事考量进去（例如通勤时间、休息时间、休闲活动）。实际能实现这些目标的时间可能不够你达到自己的目标与期待，这是很常见的。你必须放弃一些事，因此人们常常会牺牲睡眠、吃饭和自我照顾的时间。这会使你日渐崩溃，对高敏感人群来说尤甚。

> **专业提示：** 每周预留一两个缓冲时间段给可能出现的突发问题。这样做可以使你的时间有一定的灵活性，如果不能在预设的时间里完成任务，也不至于太过恐慌。
>
> **专业提示：** 评估你不间断保持和集中注意力持续的最长时间是多久（可能是30分钟，也可能是4个小时），并据此设立你的期待值。这样做的目的是让你能够成功达到这些切实可行的期待。

　　3. 在每周结束的时候，再做一次这个练习吧。在下周重复这个练习之前，不妨花一些时间想想下面这些问题。

　　哪些项目实施效果好？

_____

_____

哪些事情需要花比预期更多的时间去做？

_____

_____

如果下周想要提升自己的体验，我可以改变什么？

_____

_____

还有一个大家都会遇到的问题是，没有足够的时间去做
所有事。如果你也是这样，那有没有你可以删减的地
方？哪些事项需要被舍弃？

_____

_____

4. 在你找到一个可以持续使用的时间表或建立时间表的
方法之前，请根据你的需要，不断回顾和调整这个练习。

学会安排你的时间，对所有需要做的事负责，可以很好
地帮助你管理焦虑和疲惫。持有一个可靠且实用的时间表系
统（见一周工作、生活行程表，表2-4），可以帮你主动分
配好有限的时间和精力资源。

使活动自动化

对于你想将其变为固定行程的活动，你可以重复进行此项练习。行程固定化可以使你释放出更多的精力，提升日常活动的效率。请记住，最好把你所需要的时间估算得多一点，这比少估时间更好。将你的计划时间排得充裕一些，避免感觉在被行程追着跑。

这项行程我需要花多少时间？

_____

_____

过渡时间：在这项行程之前或之后我需要多少过渡时间？

_____

_____

列出这项行程中所需要做的每个任务。在每个任务之后，用括号标注预计所需的时间。

例如：

早晨的固定行程：30分钟=刷牙（2分钟）+吃早饭（15分钟）+冥想（5分钟）+穿衣（3分钟）+梳头（5分钟）

_____

_____

请把括号中的时间加起来。它们是等于还是少于你理想中的时间范围？

_____

_____

如果加起来超过了你的理想时间范围，要么增加整个活动的时间，要么删减你想要完成的任务。

做这些事的先后顺序重要吗？

_____

_____

如果重要，你希望以什么顺序做这些事呢？

_____

_____

_____

当你创建好这项固定日程时，请将你最终的时间表张贴在显眼的地方。这张时间表可以提醒你重新集中注意力或起到指导作用，直到你十分熟悉这项日程，这时候时间表对你来说就不再是必需的了。

回顾过去的经验

作为一名高敏感者，受诸多因素的影响，你成长的过程可能会十分艰难、痛苦。每个人都被宏观系统塑造，比如你的年龄、性别和文化；同时也被微观系统塑造，比如你的家庭、社区和学校。依据别人对你的高敏感特质的不同反应，你可能会快乐成长，也可能会处境艰难。这些反应形成了你用来评估自己与周围世界关系的模板。例如，你的敏感被形容为"奇怪"、"古怪"还是"天赋异禀"呢？

格雷文等人表示，高敏感是一种特质，而不是一种疾病。高敏感可能由于积极和消极经历，而产生交互作用效应。这意味着你童年的结局不是由高敏感这个特质本身决定的。但是，当高敏感人群拥有消极经历时，他们会比非高敏感人群对负面结果更加敏感，例如变得抑郁、焦虑或出现健康问题。幸运的是，这也意味着当高敏感人群拥有积极经历时，他们可以比非高敏感人群产生更积极的结果，例如更有创造力或感到更多的快乐和意义。

当评估你的过去时，请记住高敏感与经历之间的交互作用效应。它能给你空间去思考你作为高敏感者面临过的困难，以及这项特质为你的经历增添的色彩。人们很容易被研究结果牵着鼻子走，觉得因为高敏感人群对周围的环境反应强烈，就注定一生焦虑或抑郁。然而，事实经常是，高敏感人群可以回忆起童年时期某人的一个微小举动或一句话，这会起到巨大的平静或抚慰作用，继而在他们感受到压力的时候持续给他们带来慰藉。当你回顾过去时，请尽量记住高敏感既可以产生积极影响，也可以带来消极影响，并且要知道这两者可以互相平衡。

处理回忆

回顾你过去的经历有助于你厘清现在的情绪。回忆正面经历可以帮助你脚踏实地，抵消作为高敏感者给你带来的负面想法。

花一些时间想一想，写下你童年时期的一次正面回忆。

_____

_____

你的高敏感特质是如何使这项体验变得更美好的？

_____

_____

谁与你一起经历了这件事？

_____

_____

他们的反应对你的经历有什么影响？

_____

_____

现在再想一想，写下你童年时期的一次负面回忆。

_____

_____

你的高敏感特质是如何使这项体验变得更差的？

_____

_____

与这段回忆有关的人有哪些？

_____

_____

_____

他们的反应对你的经历产生了什么影响？

_____

_____

_____

之后的练习将会更加深入探讨你的早期生活经验，但是这项练习介绍了如何平衡"既/也"这个概念。作为一名高敏感者既是困难的，也是美好的。记住这个对立的关系，你便会为自己拥有这项特质感到困扰，同时也感到庆幸。

高敏感人群与社交情境

就像环境会给你带来刺激一样，在社交情境中，你也会有特殊的天赋与挑战。当你与他人互动时，你会在观察别人的非语言沟通（肢体、表情）和聆听交谈的内容、体会言外之意及语境时，产生深度信息处理。这个互动中每加入一人，你处理信息的复杂度都会急剧上升。此外也可能会出现一些语境的压力（例如听到别人说你"太安静了"）、环境刺激（例如多个人同时说话）和非语言沟通（例如注意到某人不自在了）。

打个比方，丹妮（Dani）（高敏感者）和友希（Yuki）（非高敏感者）是同事，她们决定在工作日一起吃午饭。丹妮喜欢这样吃午饭，因为友希愿意与她深入交流，并且不介意自己偶尔沉默。一天，友希邀请了新同事玛丽昂

（Marion）一起吃午饭。玛丽昂和友希都很开心，她们的谈话进行得很愉快，然而丹妮却发现，自己吃完午饭后觉得很累。她感到失望，也有一些困惑。玛丽昂和友希都很好，她们三人相谈甚欢，玛丽昂和友希都表示很希望她们三人可以再次共进午餐。丹妮开始疑惑："我是有什么毛病吗？玛丽昂和友希似乎并没有因为这件事感到困扰。我觉得我太敏感了。"第二天，丹妮感到非常纠结，因为她既需要在午饭时休息，又不想错过这个社交活动。

当和友希独处时，丹妮能注意到她们之间的互动，并且能适应友希对事情的反应和感受。当处理环境、对话和食物等信息时，她也能有过渡时间，不会感到不堪重负。当两人组合（丹妮–友希）变成三人组合（丹妮–友希–玛丽昂）时，丹妮从只需要追踪两人组合中的一组互动，变成了追踪四组互动：①丹妮–友希两人组合；②丹妮–玛丽昂两人组合；③玛丽昂–友希两人组合；④丹妮–玛丽昂–友希三人组合。群组里每加入一人，高敏感者处理的信息流就会成指数型增长。

此外，当高敏感人群注意到有人感到不自在时，他们也会感到有压力。虽然这是一种善意的举动，但它是你给别人的一份礼物，而不是必备要求。有些时候，你可能感觉自己有能力与在角落里独自紧张的新成员交谈，好让他们感到自己被接纳了；但有些时候你会感觉自己无力这么做。

那么，请允许你自己：

» 转变成团队中更像观察者的角色。

» 经常关心一下你自己和你的需求。

» 提醒自己，你没有义务确保每个人都感到安全自在。

» 学会拒绝。

» 迟到或早退。

» 适当休息。

» 转变想法。

» 像关心朋友那样关心自己。

在任何一个社交环境中，你都在设法满足自己各种需求，例如融入群体的需求和控制刺激的需求。你的需求总是在不断演变，因此时常关心一下自己，以及保持生活的弹性，这是很重要的。例如，丹妮可以决定有些时候自己和同事共进午餐，有些时候与某个同事单独吃饭，有些时候自己独自进餐。每种决定都伴随着一定的代价（分别是：感到更疲惫、某人觉得自己被冷落了以及错过了社交的机会），丹妮必须自己确定，哪种程度的代价她是可以接受的。

我是否参加这个活动

利用下文中的决策树状图（图2-1）来帮助你决定你是否要去参加一个活动。这个图可以根据你重视的事，以及你自己现有的有限资源来帮助你做出决定。

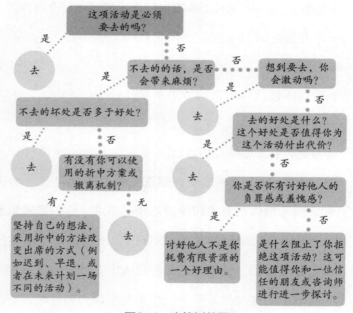

图2-1　决策树状图

总会有一些时候，你必须参加一些使你心力交瘁的活动，但是评估参加一个活动的原因和方法可以帮助你减少资源的消耗。通过更清楚地了解如何平衡你的能量输入和输出后，你便能在参加和投入重要活动的同时，也能适应你的个人需求。

有意识的自我关心

当你决定去参加一场需要你主动社交的活动后，有意识地为参加活动做准备，并在结束后关心自我，可以帮助你保存你的资源。使用接下来的清单来观察自己在活动前、活动中和活动后的状态。

我的身体向我发出了什么信号？这与我对这项活动和出席者的感觉有什么联系？

例如：每次社交回来，我总是会头疼。我可能把紧张的压力聚集在肩膀和脖子上了。当我开始感到脖子疼或头疼时，这可能是我压力大的预警。

_____

_____

这场活动或出席者让我感到筋疲力尽还是充满活力？

_____

_____

我需要做什么才能让自己感到满意呢？

例如：为了在活动结束时感到满意，我一般需要进行1~2次深入的谈话。

_____

_____

我目前有多少精力、资源可以提供给这场活动或出席者？

例如：由于工作任务要到截止日期了，我这周以来都没睡饱觉，因此我在这场4个小时的活动中可能不会表现得那么有活力和积极向上了。我要么"精神饱满地"去待上1小时就回家，要么整个4小时当一个无所事事的参与者。

_____

_____

活动结束后，我需要什么来恢复元气？

例如：补觉、在家宅一天、补充水分或吃健康的食物、泡个热水澡等。

_____

_____

我的哪些需求可能是相互冲突的？我能接受目前这个需求和为了满足这个需求所要付出的代价吗？

例如：我需要9个小时的睡眠，工作时才能精力充沛。

我也需要与我1年多没见面的朋友聚一聚。熬夜与朋友聊天意味着我接下来的几天工作时都会感到比较疲惫。我能接受这种牺牲吗？

_____

_____

我可以提前做哪些有用的计划？

例如：我想周六去登山徒步，但是我一般在周六洗衣服。所以我打算周五晚上待在家里洗衣服，这样我周六徒步回家之后就能好好休息了。

_____

_____

我怎么知道自己达到极限了呢？

例如：我开始觉得累了，我的脚开始疼了，而且疲惫不堪时，我也跟不上别人说话的节奏了。当我注意到这其中的任意一点时，那就预示着我受到了过度刺激，需要回家或者休息一下了。

_____

_____

_____

当我觉得自己在满负荷运转时，我的撤离机制是什么？

例如：我会开自己的车来，这样当我想离开时，我可以独自离开，不需要等其他人或者迫使别人提早离开。我事先让主办人知道我可能需要提早离开，因此当我准备走时，我会与他们道别，然后直接回家。

_____

_____

如果无法提早离开，我能做什么来维持自己的活力呢？

例如：我可以带一些零食或买一杯咖啡，找一个安静的角落，在那里休息一下；也可以事先打个盹儿，还可以把明天早上的行程排到其他时间，这样我就可以睡个懒觉了。

_____

_____

随着时间的推移，当你在评估自己如何分配资源时，你解决这些问题会变得更加得心应手、答案会呼之欲出。而目前，你需要去刻意观察自己，这是很有帮助的。掌握的信息越多，你做出的决定就会越明智。

常见挑战

　　高敏感人群总是忙于与他人共情，却轻易忽视了自己的需求。童年时期接收的信息会强化这种自我忽视，而深信自己的敏感是不合常理的，也会强化这种自我忽视。当人们感觉自己受到关照时，通常会有积极的反馈，因此关照他人既有好处，也会令人疲惫。对于一名高敏感者来说，至少要给予自己的需求和他人的需求同等的关注。

　　在需求之间找到一个好的平衡点可能并不容易。高敏感人群并不会因为自己的敏感就能对所有事做决定，但是他们也不需要因为别人无法感同身受而将一切都"全盘照收"。没有开诚布公的交流，就无法找到平衡。非高敏感人群与高敏感人群对于不舒服的理解可能不同，因此直接的沟通是很重要的。沟通时先说出你的感受，然后再要求做出一些调整。

　　表明自己的立场往往是从小处着手。例如，你可以适时表达一点儿自己的意见。表达自己并不意味着每个人都能满足你的要求，但是发声可以增强你的自信心，帮助你维持掌控感，也能使你了解与你相处的人是什么类型。也就是说，如果你的朋友让你因为自己的敏感而自责，那么你可能是时候拓宽一下你的交友圈了。

回顾过去的经历

高敏感人群信息处理深入、情感体验强烈，因此他们更难以忘记自己曾遭受的负面经历。早期经历会形成模板，影响你日后体验事情的方式。这些模板会自动套用到你的生活中（例如，你总会自认为某人在生你的气，因为小时候只要你一提出敏感问题，你的家人就会生气）。高敏感人群经常感觉到自己的与众不同，也经常被误解。在群体中，尤其是在儿童群体中，与众不同的人总是容易被孤立、被嘲笑和感到窘迫。

高敏感成年人普遍存在的一个问题是，他们努力不让自己成为家庭的负担，从小便自己照顾自己。在儿童时期，他们经常在内心默默应对负面经历（他们因感到羞愧而调整自己的行为），也不把这些事与自己的养育者分享，但其实成年人或许可以帮助高敏感儿童重新定义、处理情绪，或者出面处理负面问题。高敏感儿童懂得如何满足自己的需求、照顾自己，总是会被夸"不让人费心"。但是大人们并没有注意到这些孩子受伤、害怕、伤心或孤独的经历。

没有满足孩子的需求并不一定意味着养育不当。很多情况下，原生家庭的教养方式并不适合孩子的性格和感官处理需求。长大之后再满足自己未被注意的需求，并不一定是养育者的过错。然而知道自己肯定有一些未被满足或无法被满足的需求，可以使你对自己产生自我同情。只有了解了自己过去的情绪和经历，才能建立起心理弹性。

早期信息

一名高敏感者的成长经历往往充满困惑与孤独，尤其是当这个标签在成年之前都没有被发现的时候。通过高敏感者的视角反思你的过去，可以帮助你重新定义负面经历。在反思的过程中，你可以考虑以下这些问题。对于这些问题，你很有可能一次只能消化一题，所以请尽可能多地回顾这些题目，这将对你有很大帮助。

关于敏感，你曾经从权威人物（如父母、其他家庭成员、老师）那里接收到了什么信息？

哪些是直接表达出来的？

哪些是你意会的（例如通过观察非言语的沟通或间接的评价）？

_____

_____

关于敏感，你曾经从同伴那里接收到了什么信息？

哪些是直接表达出来的？

哪些是你意会的？

_____

_____

你以前觉得你的敏感特质是值得被珍惜的，还是需要被克服的，抑或是有其他想法？

_____

_____

你曾经接收到的与敏感有关的信息涉及性别因素了吗？如果有，是怎样的呢？

_____

_____

你曾经接收到的与敏感有关的信息涉及种族因素了吗？如果有，是怎样的呢？

_____

你曾经接收到的与敏感有关的信息涉及信仰或宗教因素了吗？如果有，是怎样的呢？

_____

_____

在你的童年时期，什么事情有助于你在不同的场合（例如家里的环境、家庭成员间的互动、学校的期望、与同伴的社交、与信仰有关的活动）管理你的敏感特质？

_____

_____

你的高敏感特质曾给你带来了哪些困难、挑战，是你当时没有意识到的？

_____

_____

回顾过去可能会激起强烈的情绪，请给自己一些空间去体验这些出现的情绪。盘点过去可以帮你厘清你现在应对事情的原因和方法，这会给予你同情与理解自己的空间，这样你才能更好地成长和获得新的体验。这种成长需要花费时间、精力和情感资源。

本章回顾

高敏感人群总是不断地处理环境信息，并将这些信息与自己过去和现在的经历整合。这会导致你感到精疲力竭、难以承受。留意过度刺激可能带来的潜在危害，有助于你根据自己的需求，建立自己的生活节奏，这样你的工作、生活状态就会更好。在你继续进行日常固定行程时，请将这些记在心中：

1.你的高敏感特质有其生理基础，焦虑和疲惫是你的中枢神经系统在告诉你，它需要得到关注。

2.找到你最适宜的刺激程度，能使你每天的精力更加持久，也更能感到平静。

3.从高敏感者的角度重新处理自己过去的回忆，可以给自己自我同情的空间，并且以一种充满力量的方式重新书写自己的人生篇章。

第三章

交往中的超能力 ——
如何平衡人际关系

人际关系非常复杂。你可能会发现自己既渴望与别人建立联系，又苦于不知如何才能获得真诚的人际关系。人际关系中充斥着误解、操纵和痛苦的可能。然而，一段良好的人际关系可以提升一个人的生活品质、改善健康状况，还可以增添体验新事物的乐趣。我们需要人际关系，但也需要对其进行谨慎选择，因为你的人生可能因此大大获益，也可能因此狠狠受伤。本章将介绍几种不同类型的人际关系，并探讨一个人在生活中对不同关系的需求。

爱情关系中的高敏感人群

不论你目前的感情状态如何，请记住，谈一段长期且专一的感情，并不应该成为你人生的主要目标。许多文学作品都认为，有了浪漫的爱情，人生才会有意义；然而，并不是所有人都能因此感到满足和充实。对于那些更喜欢单身或者还没有遇到自己想要相伴一生的对象的人，请记住，自我价值并不取决于感情如何。本书接下来将讨论几种不同类型的情感关系，请利用其中对你有益的部分，让自己从需要别人来让自己变得完整的谎言中摆脱出来。如果你目前处于恋爱关系中，请记住，你的完整性并不取决于你的伴侣。练习与对方有意识地沟通、分担责任、建立共同的目标以及培养个人兴趣爱好，都是对情感关系有益的手段，对高敏感人群尤其有帮助。

做有意识的沟通。有些高敏感者担心自己的需求对于非高敏感者来说过多，并因此考虑自己是否应该与同为高敏感的人交往。有些人则认为，在一段情感关系中，如果两个人都是高敏感者，未免太辛苦了。这两种想法都有其合理的担忧，但并没有所谓的"正确"答案。对于高敏感者来说，你可能会畏惧展露自己的高敏感标签，也不敢开口提出自己的需求。而对于非高敏感者来说，你可能很难承认自己也有需求并且表达出来，因为你的需求看起来似乎不如高敏感者的需求那么强烈。对于这两个群体来说，搞清楚想要和需要之间的差异可能会有所帮助。一个非高敏感者可能更喜欢凉爽的睡眠环境，而一个高敏感者在很热的环境中可能根本无法入睡。这对一个人来说是一种偏好，对另一个人来说可能就是一种需求，而能够清楚地沟通这件事是很重要的。当你能够明确识别且清晰表达出你的需求，并耐心地倾听你伴侣的需求，然后共同努力找出折中的办法时，便有望与之建立深厚的安全感、同理心和连接。

分享经验，而不是相互竞争。在情感关系中，让自己从竞争的心态中跳脱出来。在竞争心态中，你总是想着"赢"、"输"或者"顺其自然"。考虑将其转换成共享经验的思维模式，这样做的目的是把两个人作为一个整体，满足双方的需求，并让两个人都享受这段关系。如果有一方正在受苦，那么很可能两个人都正在经受痛苦，这个时候从两个人的利益出发进行干预可能会有所帮助。例如，我们可能需要提醒非高敏感者，不能因为某些话题会让高敏感者变得情绪激动就始终逃避这些话题。这些情绪需要空间来加以处理，而高敏感者也需要学习如何应对情绪波动。在有效地处理情绪之后，高敏感者可以在剧烈的情绪波动之后回归平静，甚至状态更好。这个过程可能需要比非高敏感者花更多的时间，但这都没关系。

有意识的独处时光。并非所有的活动都需要两个人一起进行。如果乔丹（Jordan）喜欢参加喧闹的演唱会，而阿玄（Hyun）喜欢在家享受安静的夜晚，那么这对伴侣各自分别安排一些活动是很合理的。有意识地区分哪些事情要一起做，哪些事情要分开做，对于乔丹和阿玄维持稳定的情感关系是至关重要的。把活动按"和伴侣一起"、"和朋友一起"以及"单独活动"进行分类是很有帮助的。偶尔一起分享各自的乐趣同样也很重要，比如阿玄可以陪乔丹去看演唱会，或者乔丹陪阿玄拼拼图。向对方说明为什么某些活动对你很重要，并了解为什么你的伴侣会那么热爱他所热爱的事情，有助于减少自己内心的埋怨，能让自己感觉被伴侣看到和关心了，也能帮助你的伴侣调整他的需求的优先次序。以互相尊重的态度进行有意识地沟通和做出共同决策，可以让双方的需求都被考虑到。

规划美好的体验

在计划活动时，需要考虑到你和伴侣的感受和需求。你计划的活动应该在两人各自可接受的最大刺激范围内。要想使你们两个人作为个体和整体都能享受这一天，得知道每个人的需求是什么。

问问你的伴侣：在活动中你需要什么，才会觉得这是一次美好的体验?

问问你自己：在活动中我需要什么，才会觉得这是一次美好的体验?

针对这些问题进行头脑风暴之后，请参照下面这个基本的问题模板。

1. 提前准备

关于健康，你们各自有什么需求?

_____

_____

关于环境，你们各自有什么需求?

_____

_____

关于情绪，你们各自有什么需求?

_____

_____

当一些潜在需求出现时，你们的应变计划是什么? 你们会对这些需求有怎样的反应?

_____

_____

对于你们个人来说，最重要的事是什么?

_____

_____

2. 体验中

观察你自己和伴侣的状态。

每个人的感觉如何？有没有新的需求出现？

_____

_____

如果有，你可以采取某个应变计划吗？或者你们可以一
起处理这个意料之外的需求吗？

_____

_____

3. 事后回顾

在这次体验中，有什么是进展顺利的？

_____

_____

下次你想做出一些什么改变？

_____

_____

请记住，失败是很正常的。试着反思和解决这些问题，
而不要怪罪自己的伴侣。

随着时间的推移，这个练习会变得越来越简单，就如同
书中的其他练习一样。当你习惯观察自己和伴侣的状态时，

你会开始找到两人相处舒服的节奏，便能更加尽情地去享受这些经历，进而使你和伴侣的关系更加亲密。

有效沟通

如果你和伴侣有良好的沟通模式，下面这个练习就会变得简单很多。当你和你的伴侣讨论这个练习时，请尝试像下文中这样做。

»当你回答一个问题时，让你的伴侣复述一遍你的回答，反过来你也做一样的事。不是鹦鹉学舌地复述，而是用你理解了对方的话的方式复述。

例子A

伴侣1："我知道我的一个健康方面的需求是，每两三个小时吃一次零食，不然我就会脾气暴躁、身体发抖。"伴侣2："好的。那我们确保身上带了足够多的零食，这样你需要吃的时候就有得吃；就算我想吃零食了，也不会把你的那份给吃了。"

练习：将上述对话作为一个例子，想一想你的伴侣最近与你分享的他或她的需求，练习把这件事用你自己的话重新写出来。

> 专业提示：在给出反馈时，使用第一人称陈述句，
> 并且尝试思考你在收到反馈时的心理活动。

例子B

伴侣2总是会因为怕冷需要穿伴侣1的外套。事后回顾时，伴侣1说："当你要穿我的外套时，我觉得有点儿生气，因为我为了保暖事先做了准备。以后我希望你也可以自己带一件外套，这样我们就都有外套穿了。"伴侣2："我理解你为什么会感觉不开心。虽然我知道一般情况下我不需要外套，但是以后我会带自己的外套，以确保我们在冷的时候都有外套穿。"

练习：将上述对话作为一个例子，想一想你自己或伴侣最近给的一次反馈。使用第一人称陈述句把这个反馈重新表述出来。

_____

_____

> 专业提示：请避免辱骂、指责或者翻旧账。

我们继续例子B，以下是伴侣1对伴侣2反馈的反面示例："你真自私。""都怪你，我一晚上才这么冷。""你上次不也穿了我的外套吗？"

专业提示：需要注意的是，很多人会陷入这种消极的互动模式中。在这些练习中，试着不要太关注你过去的回应，多想一想你在日后的交流中，可以做出哪些微小但重要的改变。

练习：你和你的伴侣有过类似的经历吗？如果有，练习使用例子A和B中强调的技巧重新表述这个例子。

_____

_____

这些技巧可能比较难掌握。如果你发现自己和伴侣的沟通有困难，或者有着长期不好的沟通模式，可以考虑寻求婚姻咨询师的帮助。如果你正开始一段长期、认真的感情关系，可以提前主动进行婚姻咨询，学习有效预防和处理冲突的技巧，这是大有裨益的。你可以把这件事想成是在练习之前寻求私人教练的建议，这样你就能在建立练习计划之前学习到正确的方法，这样比在受伤之后才寻求帮助要好得多。

治疗既可以是事前预防性的，也可以是事后响应式的。

常见挑战

在遇到沟通困难时，人们很容易变得愤怒，产生防备心态。因此请提醒对方，你们很在乎彼此，并在寻求相互理解，好让彼此在这段感情中都能有更积极的感受。你可能会想"这是显而易见的"，但是在沟通困难的时候，如果你所在乎的人能明确地表达出这一点，是可以大大缓解双方的焦虑的。伴侣双方应该营造一个可以分享、处理和解决问题的空间，这是很重要的。

对于伴侣为高敏感者的非高敏感者而言，不断地"处理"信息可能是一件很困难或者令人筋疲力尽的事。用有意识的方式去处理负面的情绪或经历，并把处理的过程局限在某种活动或一定的时间内（例如，在你下班回家后的一个小时内或出门散步的时候），对双方都是很有帮助的。之后，尝试有意识地将注意力转移到积极的话题或表达感恩的练习上，这样有助于平衡处理负面经历所产生的疲惫感。

在处理高敏感者的负面经历时，多问问他们什么会对他们有帮助。他们需要的是被认可、被理解吗？还是解决问题的方法？只要不确定时，就问一问吧。高敏感的当事人可能也不知道自己需要什么，但只要你开口询问，就可以表达你关心他们，并且愿意给予帮助。作为情感关系中高敏感的一方，可以主动说出你的需求。如果有人可以预测你的需求，固然是一件好事，但你的伴侣并不能确定你真正的需求是什么，所以你应该试着将需求说出来，这对你们双方都有好处。请记住，要回应这些问题和关心，以确保有足够的空间来满足双方的需求。

高敏感人群有时会反复处理自己的负面经历，这对非高敏感人群来说可能会比较吃力，他们可能会想说"我以为我们已经讨论过这个问题了"之类的话。学习如何以不相互羞辱的方式讨论彼此的差异，是非常重要的。虽然高敏感者可能有更多的需求，但这并不代表他们的需求就更重要。如果你的伴侣对海鲜过敏，你并不会因此对他或她发脾气（但愿如此），你会找个让他或她能安全用餐的餐厅。当你想吃鱼的时候，你会约你的朋友一起去吃，并与你的伴侣提前沟通此事。如果你是对海鲜过敏的一方，当你的伴侣为你找到可以安全用餐的餐厅时，请向他或她表达感谢，并在他或她想与朋友一起去吃鱼时表示理解。一次次清晰的沟通和让步是情感关系最基本的组成成分。

管理负罪感和羞耻感

　　高敏感人群常常因为自己的情感回应和需求而产生负罪感、羞耻感或尴尬情绪，所以他们不太愿意分享自己的经历。这往往与他们先前被人说太敏感或反应过激脱不了干系。创造一个可以分享和避免被评判的安全空间，对于建立深层联系至关重要。

　　哪些情绪会使你不愿与你的伴侣分享心事？

☐ 感觉自己像个负担

☐ 害怕被抛弃

☐ 对自己的局限性感到生气

☐ 感到自己软弱

☐ 想要相处融洽

☐ 害怕被拒绝

☐ 害怕被嘲笑

☐ 会回想起一段痛苦经历

☐ 不堪重负导致无法清楚思考

☐ 注意力分散导致没有关注自己的身体反馈（例如太过开心了）

☐ 其他：＿＿＿＿＿＿＿＿＿＿＿＿＿＿＿＿＿＿＿

这些感受你可以与你的伴侣分享吗？为什么可以或为什么不能？

＿＿＿＿＿＿＿＿＿＿＿＿＿＿＿＿＿＿＿＿＿＿＿

＿＿＿＿＿＿＿＿＿＿＿＿＿＿＿＿＿＿＿＿＿＿＿

　　如果你发现自己总是在这段关系中隐藏自己的脆弱，反思一下为什么会发生这样的事。难以与他人交心、难以展现自己的脆弱或者难以忍受艰难的谈话，都意味着治疗可能对你有帮助。抑或你可以考虑一下这段关系是否适合你，如果你在你的伴侣面前不能完全表现自己和展现脆弱。最后，请记住你的伴侣不是你的原生家庭成员，你可以借这个机会创造出与你从小到大习惯的模式不一样的新模式。开始建立良好的体验和创造新的关系模式这个过程需要花费时间，也需要缓慢和重复的努力。你和你的伴侣都将会调整自己适应新的联结和沟通方式。

寻求帮助

表明自己的立场包括学会如何寻求帮助和承认自己的局限性。在感情关系中，你很容易就将自己的需求没有得到满足怪罪于你的伴侣。练习修改下列有问题的表述，使这些句子少一些怪罪，多一些协同合作。用以"我"为主语的陈述句开头（我的感受是什么），表述你的需求，然后以一个你们可以一起努力的建议结尾。

例子

高敏感者的感受：对方的行为使自己感到不堪重负。

有问题的表述例子："我要你立刻停止说话，你让我感到不堪重负。"

减少怪罪感和增强相互协作的以"我"为主语的表述："我现在感到不堪重负。我需要一分钟来整理思绪，这样我才能以有意义和有效的方式来讨论这件事。"

练习

有问题的表述："我想要家里更干净一些，我已经把我的东西整理好了。"

换种表述方式：

_____

有问题的表述："我每个星期都需要在家独自待一会儿，你可以每周六晚上都出去吗？"

换种表述方式：

有问题的表述："我们不能每天都吃垃圾食品，这对我们不好。"

换种表述方式：

想一想你经常对伴侣说的一个有问题的词或短语，并试着改进一下。

有问题的表述：

换种表述方式：

协作模式可以帮助你摆脱只在乎输赢的竞争模式，在那样的模式下，双方都想要在关系中获得更多的权力。而协作模式将你们两个人都放在首位，创造出一个安全和支持性的联结。练习推敲你在脆弱时如何表述，对于奠定你们感情的整体基调，建立你和伴侣之间的信任感和安全感是十分有益的。

回顾过去的经验

你在童年时期学到的东西，会成为你日后用来理解世界的模板，无论是沟通的模式、自我价值感，还是对于情感关系的期待。高敏感者可能会根据自己过去的经历，决定自己在情感关系中需要规避什么；但是一段健康的情感关系应该是怎样的，在他们心目中仍然是模糊不清的。无论你的父母是经常起冲突，还是从未在你面前吵过架，你都可能会将冲突与不健康的情感关系联系在一起。为了避免冲突，高敏感者可能会最大限度地降低自己的需求、安抚对方或在情感关系中寻求冲突最少的相处方式，以保持他们关系的"健康"。不过，避免冲突可能会导致一些负面作用，如抑郁、怨恨、自我贬低和孤独感。

你不是你的父母，你也不是注定会拥有与他们一样的情感关系。你的父母可能经常争吵，这可能会给当时身为高敏感儿童的你带来压力，因此你把这种类型的争吵与不好的情感关系联系在一起。然而，也许你的父母就是喜欢快速、直接的反馈，有话直说，然后就让事情过去了。又或者，他们可能从未在你面前争吵过，彼此关系冷漠疏离。简单来说，这个世上有各种各样健康和不健康的情感关系。因此，观察你父母，或者其他伴侣的相处方式能帮助你进行反思，但不是要评判他们，而是思考哪些部分适用于你自己的情感关系。有一点需要明确，身体暴力是情感关系中不可接受的一种冲突形式，如果你目前正在遭受身体暴力，或之前曾受过这方面直接或间接的影响，请寻求帮助。

给予和接收反馈

想要选择你的父母对你的沟通方式和教养方式，是不太可能的。高敏感者在心里总是认定，自己无法改变别人对他们的说话方式。这会导致他们完全逃避反馈，或者默默忍受不健康的沟通方式，因为他们别无他法。为了你自己和你的伴侣，请探索以下这些问题。

你更倾向即时反馈还是定期反馈？

_____

_____

你希望反馈的直接程度如何？简单直接的纠正还是奥利奥饼干式的纠正？（例如，先强调好的部分，再给出纠正建议，最后重申好的部分。）

_____

_____

在你的成长过程中，你的父母或养育者是如何给你反馈意见的？

_____

_____

依据过去的经验，有哪些短语是需要避免或改变的？

_____

_____

你需要你的伴侣怎么做，你才会觉得自己被倾听和理解了？

_____

_____

如何在一些话题上求同存异？

_____

_____

问问你自己是否一定要争个对错。也就是：

这关乎某人的安危吗？

这是一种心理控制（一种操控性的对话，使得对方怀疑自己的记忆或观察有误）吗？

这会大大改变某事的结果吗？这场争吵值得吗？

_____

_____

如果上述问题的答案是否定的，那你可以思考一下，在此时此刻，你愿意选择正确还是善良？你是否可以转变一下自己对事物的看法，同时对对方怀有同理心呢？

_____

_____

知道哪些方式适合你们，哪些不适合，有助于你们表达自己的观点，也可以营造一种坦诚反馈的文化，助力你们关系的发展。有意识地关注这些过程可以使你在关系中拥有掌控感，也能建立关系中的信任感和适应力。

确认期待

在情感关系中，我们最好探索一下期待是如何形成的。想一想，下列事物是如何影响你对伴侣的期待的，以及你希望自己成为怎样的伴侣。此外，想一想在这些事物中，性别、性别认同和性别表达是如何被看待的。

» 媒体（电影、电视节目、歌曲和流行文化）。

» 信仰社区。

» 原生家庭。

» 大家庭（几代同堂的家庭）。

» 其他同伴的家庭。

» 学校/教育。

» 你成长的环境（农村还是城市）。

现在请思考一下，自你小时候起，上述事物发生了多少改变（如果你成长于20世纪60年代，当时人们如何看待这些话题肯定与你成长于21世纪初的时候不同）。随着时间的流逝，你的哪些信念或期待发生了改变？

_____

_____

重申一遍，知道你现在行为模式的起因可以帮助你有意识地选择适合你的行为方式，并选择你想要改变的方面。这可以帮助你在符合自己价值观和目标的基础上，将现在与过去的行为方式整合起来。评估一下你的影响力，有助于你在前进的道路上做出明智的决定。

亲情中的高敏感人群

无论是高敏感者还是非高敏感者，往往都会生活在一个让自己觉得格格不入的家庭中。无论你是出生在一个非常善于社交的家庭里的内向者，还是出生在一个科学家家庭里的艺术家，在自己的原生家庭中感到格格不入是很常见的。于是，成长的开始就来自你渐渐开始学习区分，什么时候要和家人建立联系，什么时候需要设定界线以照顾自己的感受。所谓的界线是指，你和别人互动时，能让你感到舒适的一般规则。

设定界线。这包括定义出你的承受极限和价值观，并有能力将它们传达给他人，以及在他人未能尊重你的界线时，有能力以合理的方式做出回应。界线存在于一个范围内，范围的一端是松散的界线（会导致倦怠和怨恨）；另一端则是僵硬的界线（会导致孤独和疏远），以及成人关系清晰界线的理想中间地带。你会发现界线的位置取决于你与对方的关系，以及双方相处过程中所感受到的安全感程度。

当小傅（Fu）听到家人聊起政治时，她的胃就开始打结，肾上腺素会快速飙升。她家人眼中的"热烈辩论"，给她的感受却是互相攻击且伤人的。她开始要求她的家人不要在她面前讨论政治，并表示如果他们仍然想讨论政治，她就只能离开房间。这个例子就是当事人清楚知道什么行为对自己是无益的，然后将它表达出来，并表明这个行为会带来的后果。你不能阻止别人做出自己的选择（他们仍然会继续谈论政治），但你可以明确地告诉他们，他们的选择对你会有什么影响，然后你再做出对你自己最有益的选择。

不同的界线。你的极限和你家人的极限必然会有所不同。你的兄弟姐妹可能会觉得这种"热烈辩论"是一种与家人增进感情和体验生活的好方式。这个就是为什么了解和理解他人是很重要的。对彼此充满好奇，你们就算不能完全赞同对方或持有相同的意见，也依然能够关爱和尊重彼此。这样你也能更容易守住自己的界线。例如，当家人开始讨论政治时，小傅可以祝大家聊得愉快，然后找个借口出去散步，或早点休息，或邀请不参与讨论的人去隔壁玩桌游。这将是一种不怪罪他人、不指责他人、不操控他人，同时又保持了自己界线的方法。

如果你有兄弟姐妹，你可能会发现，你们对父母的认识和感受是有所不同的。对一个孩子来说鼓舞又振奋的事情，在另一个孩子看来这件事可能让人生厌。作为父母，这可能会令人沮丧，因为他们没办法让每个孩子都觉得事事如意。在你有能力的时候，可以尽量去调整；当超出你能力的时候，就对你自己和孩子们都宽容一些吧。

识别界线

你的界线会因为你所处的环境以及你所相处的对象不同而有所不同，但是了解界线的类型可以帮助你将自己的界线清晰地表达出来，并把它运用到你的生活中。界线可以是僵硬、清晰或松散的。请分别以"僵硬（R）""清晰（C）""松散（P）"，练习评估和分辨这几种不同类型的界线。

僵硬（R）： 是严格且坚定的原则，有可能会限制亲密关系，优先考虑自身的安全感，防止被拒绝，甚至会贬低他人。这种界线不会考虑其他人，有可能会被其他人理解为任性、自我或不友好。

清晰（C）： 清晰地了解自己需要或想要的东西，同时也能理解他人需要或想要的东西。当你有需要的时候，你可以自在地对别人说"不"，并能够很果断地表达出自己的立场。

松散（P）： 过度分享个人信息，难以向他人说"不"，贬低自己的需求，过分重视他人的需求，认为自己需要对他人的情绪负责，对于他人谩骂或不尊重的行为被动接受，强烈害怕被拒绝或被抛弃。

» 有位同事声称，信仰宗教的人都是愚蠢的，也不适合从事政治活动。他拒绝听取其他人的观点。

» 你与某人的初次约会，对方谈论起自己过去的许多心理创伤，并请你帮助他处理这些心理创伤。当你尝试转换话题时，对方就会生气。

» 第二次约会，你和对方分享彼此都觉得自在的肢体亲密程度，以及对继续发展下去的期待。

» 一个新来的邻居敲你家的门，他想借用你的车，并说如果你不帮忙，他的孩子只能一直待在学校，这样会让学校的老师生气。

» 你的老板告诉你，她是一个喜欢拥抱的人，并希望所有的员工都以"拥抱"作为打招呼的方式。

　　» 你和你的伴侣说，你愿意去散步，但不能超过20分钟，如果他想要进行更多的锻炼，他可以独自继续锻炼。

　　在标记这些场景之后，问问自己哪些情况会让你感到不适。你能说出为什么这些情况会让你感到不舒服吗，以及以上哪些界线对于你来说是可以被跨越的？

_____

_____

常见挑战

　　高敏感者最常见的挑战之一就是在家庭中设定界线，也就是有的家庭秩序是很难改变的，人们通常不喜欢有人改变他们的生态系统。久而久之，家庭中会产生一种氛围，大家会认为这位高敏感者难以相处、要求过多或者过于敏感。每当有人开始设定界线时，就会产生连锁反应。还记得小傅意识到她不喜欢参与政治话题讨论的例子吗？当她和她的家人表明自己的立场时，她的家人很可能一开始会感到被冒犯了，从而产生防备心，或者为此感到恼火。他们可能会说些尖酸的话，例如，"哦，不好意思呀，小傅，我不小心提到了总统，这样是不合法的吗"？想要他们改变是很困难的，你改变他们的过程必然也是不完美的。这时候，如果你能得到擅长设定和表述界线的治疗师或朋友的支持，对你将会非常有帮助。

另一个挑战是决定哪些活动值得你妥协参加，这样你既能参加家庭活动，同时依旧尊重了自己的极限。例如，在全家旅行时，租下整栋度假屋，让全家人住在一起，因为你负担不起自己单独的旅游费用和住宿费用。有时候，完美的解决方案是无法实现的。在这种情况下，为自己制订一些备选方案（例如，去咖啡店喝杯咖啡或小睡一会儿），缩短你的行程时间（例如，原本计划一周的旅程，你只去3天），寻求宣泄的出口（例如，给支持你的朋友发消息）。

将你的界线分类

随着年岁的增长，你的原生家庭的规则和界线也会发生变化。当家庭成员成年之后团聚在一起时，经常会感到被拉回年幼时的角色与界线中。在成长过程中，有意识地了解你想要和需要如何与其他家庭成员沟通，对你是颇有益处的。

此刻，请你仔细想一想你的家庭，考虑你需要什么界线。你可以在不同场景，与不同对象重复以下这个练习。将你的需求列出：

» 时间：_____

» 情绪：_____

» 精力：_____

» 想法、信仰：_____

» 金钱、物质：_____

对于没有进行分类的需求，你是很难去表达出来的。确定这些需求并和自己沟通，有助于你准备好与他人沟通这些需求。这也有助于你理解自己为何在界线被越过时感到痛苦。

界线挑战

预见可能的挑战，可以帮助你避免在下次见到家人时措手不及。花点时间想一想即将到来的家庭互动，你能够预见什么会触及你的底线并引起冲突吗？你这次想如何处理这个冲突？请记住，文化因素在期待中扮演着重要的角色，可能需要根据背景的不同，采取不同的应对方法。

你与谁设立界线比较困难？

_____

_____

是什么导致了你与这个人设立界线困难？

_____

_____

是怎样的恐惧，让你不敢拒绝别人或坚定自己的立场？

_____

_____

你觉得你的哪条界线被侵犯了？

_____

_____

你能采取什么行动来开始做出改变？

_____

_____

反思这些问题，有助于你确定自己是否应该或如何向他人表达自己的担忧。如果你无法辨别这些冲突的种类，也不知道这些冲突是如何惹恼你的，或者你应该采取什么行动，那么解决冲突就非常难了。你不是总能从家庭中得到你想要的一切，但是洞悉你为什么有某种感受，可以帮助你很好地管理你的情绪反应（例如愤怒、伤心、焦虑），也能支持你在互动的过程中或事后进行自我照顾。

回顾过去的经验

对于成长在不了解高敏感特质家庭中的高敏感人群而言，他们有可能会长期经历来自家庭的无意识伤害。许多高敏感者可能会经历情绪或感觉过载、困惑迷茫，或者来自家人的言语伤害。要处理这些过去的经历给自己带来的影响可能并不容易，因为成年后的高敏感者会在两件事之间纠结：要么是高敏感者自身有问题，要么是他的家人（希望是无意识地）辜负了他们，因此他们必须接受自己无法得到自己理想中的家庭的事实。

不合适的框架。 高敏感人群通常默认将过去的负面经历归咎于自己，因为这样才能维持一种掌控感。这会给他们一种错觉，如果他们能"修正"自己，他们就能与家人建立自己想要的家庭关系。一个家庭不存在暴力，能满足其最基本的需求，而且大家看起来似乎都相处融洽，而高敏感者却可能因为这样的家庭感到痛苦，这可能是一件让人无法理解的事情。我们可以尝试使用"不合适"的框架，而不是以责备的态度，来理解为什么高敏感者难以融入家庭。

自我选择家庭。当某人开始为他们想要拥有却无法拥有的理想家庭感到悲伤时，他们也许可以从组建"自我选择家庭"中获益。"自我选择家庭"与"原生家庭"形成鲜明的对比，因为人们无法选择"原生家庭"。"自我选择家庭"是源自性少数群体（LGBTQ）和康复社群的专业术语。当人们提起"家庭"时，通常会认为家庭是一个对我们能起到支持性作用的环境，但某些人的原生家庭却并非如此，这些人深知被自己的原生家庭排斥是什么感觉。如今，这个词已经传播开来，并被许多感到原生家庭缺失和对其不满意的群体使用。建立一个能够理解、重视且尊重你界线和需求的支持性社群，可能是一种有效的方式，以满足你的原生家庭无法或不愿满足你的需求。

建立你的自选家庭

处理童年未被满足的期望是一项令人筋疲力尽的艰苦工

作。你可以通过练习感恩来平衡这个过程的艰辛。请花一点时间，列出对你的生活产生积极影响的事情，以及那些以或大或小的方式让你觉得自己被看到、被重视和被理解的人。请记住，你的自选家庭也可以包括你原生家庭里的人。

是哪个人……

谁会注意到你不舒服，并用言语或行动安慰你？

_____

_____

谁会让你以不感到羞耻或责备的方式去体验情感？

_____

_____

谁会鼓励你照顾好自己？

_____

_____

谁称赞过你作为高敏感者的某项优势？

_____

_____

当你遇到困难时，你可以联系谁？

_____

_____

将你的支持系统扩展到你的原生家庭之外，可以提升你满足自我需求的能力。这也是你享受与不同人交往乐趣的好机会。

亲子教养

请注意，对于儿童发展和育儿方法的全面介绍不属于本书的范畴。有兴趣的读者可以考虑阅读其他相关书籍，例如《发掘敏感孩子的力量》（*The Highly Sensitive Child*）（Aron，2002）。

为人父母意味着要有所牺牲，以确保你的孩子能得到关爱、呵护并且健康成长。你与孩子之间的界线，在最初的几年势必会比较模糊，随着孩子的成长则会变得越来越清晰。作为父母，你需要教导你的孩子如何在考虑他人的同时满足自己的需求，这是在社会上工作、生活的必备技能。你对于成功和失败的态度，对你的孩子来说是言传身教，示范如何从容地面对失败并继续前进，是你给孩子上的重要一课。

但是，随着孩子发展阶段的变化，你教授的界线和与社会互动的模型也需要做出调整。在每个阶段，你都有机会为孩子的不良情绪提供遏制和支持，以及帮助孩子塑造健康的应对和沟通方式。不论你的孩子在什么年纪，请提醒他们，有情绪是一件很正常的事；同时，为他们建立一种安全、一致且稳定的氛围，用心倾听他们的感受，并赋予他们权力去决定如何处理自己的事情。如果你有孩子，你一定知道，这些事情说起来容易做起来难，所以务必要提前照顾好自己，并练习体谅和善待自己。

下面是一些"父母-孩子"配对类型的注意事项，可以帮助、指导你思考如何与你的孩子相处。在你探索如何支持你的孩子的时候，请思考这些配对类型，同时参照表3-1内的信息。

表3-1　不同阶段高敏感孩子应对措施

阶段	婴儿期到学前班	小学	中学
亲子教养的目标	·协助孩子探索环境 ·平衡安全感——这个世界是既可怕又安全的；只告诉孩子其中一面，对他们的成长是无益的	·教导孩子关注他人 ·培养学习技能和效率意识	·发展道德和伦理观——帮助孩子学习思考的"方法"，而不是思考的"内容" ·帮助孩子管理复杂的社会动态 ·教导孩子包容复杂情绪的方法

续表

阶段	婴儿期到学前班	小学	中学
高敏感者的注意事项	·进入新环境，可能会先观察和保持沉默 ·受到过度刺激时可能会哭泣或发脾气 ·同理心和情绪镜像对于学习情绪调节和情绪校验很重要	·可能会对决策的"原因"感到好奇 ·明确地询问他们的想法和感受，可能对他们有益 ·在关注自我和关注他人之间寻求平衡点时，可能会需要帮助	·步入成年这件事可能会让孩子感到不堪重负 ·可能还没意识到什么是压力或压力是什么感觉 ·可能会因为友情或关系的破裂而特别受伤
干预措施	·协助孩子辨别和分类他们喜欢和不喜欢的东西 ·协助辨别和分类情绪 ·练习深呼吸 ·轻柔的伸展或运动 ·不堪重负时休息一下 ·建立规律的作息 ·教导孩子控制自己的身体和选择感官输入的能力——允许他们对感官输入或社交体验说"不"	·给安静的游戏（拼图、看书、画画）和吵闹的游戏（公园、运动、桌游）分别安排时间 ·事先与老师进行沟通，说明孩子在参加活动之前可能需要空间进行自我调整和观察 ·安排家庭分享时光 ·聊一聊当遇到不同人的需求发生冲突时，如何协商处理	·深入聊聊孩子对未来的目标和恐惧 ·建立支持网络（导师、老师、大家庭等） ·辨别并标记出压力的等级，以及承受不同压力时身体上的感受 ·讨论并示范如何照顾好自己，以及如何管理压力 ·参加课外活动 ·多思考之后再做出选择，而不是听命令行动

阶段	婴儿期到学前班	小学	中学
干预措施	·经常查看孩子们的情况 ·使用0~10的等级来评估孩子的情绪和经历	·辨别并支持孩子学习上的需求（例如，触觉、视觉、听觉） ·通过谈论环境和社会动态，让孩子为新的体验做好准备 ·在家里为孩子营造一个平静、低感官输入的学习空间	·允许孩子经历失败，并提供支持，帮助孩子走出来 ·谈论复杂的情绪、应对的策略和承受挫折的能力，让孩子有勇气再次尝试并从中吸取教训

高敏感父母与非高敏感孩子。你的孩子所渴望的刺激和活动，可能多过你所能轻松提供的程度。你可能会发现自己经常感到不知所措，甚至会对你的孩子发脾气或觉得心烦气躁。你可以考虑通过其他方式（例如，报名参加课外活动）来满足孩子的需求。你可以通过询问孩子有什么需求，并帮助孩子以解决问题的方式来满足这些需求，使他们参与到选择的过程中。

非高敏感父母与高敏感孩子。你的孩子很容易受到周围环境的影响，这可能会经常让你感到沮丧。高敏感的孩子是脆弱的，但他同时又具有难以置信的韧性。你无法阻止他们产生不良情绪，但你可以帮助他们找到处理、适应和管理这些情绪的方法。有些人可能会说："因为生活在世界上本来就要经历各种磨难，所以我不能溺爱孩子。"话是没错，一味地逃避痛苦无法教会他们应对艰难的世界。但是，没有先教会孩子应对方法、保持同情心和理解、认可，就直接让孩子独自面对困境，将会导致孩子承受不必要的痛苦并阻碍孩子的发展。

高敏感父母与高敏感孩子。你很可能会从孩子身上看到自己的影子，这也许会给你带来骄傲、喜悦、焦虑、困惑和悲伤的情感交织。当你想到你的孩子将会和你一样，艰难地度过和独自消化负面经历，你就会为此感到焦虑。不过请记住，你的孩子会有他自己的经历。经常与他联系，但不要假设你知道他的感受。给他属于自己的空间，让他成长为自己应有的模样，这是很重要的。

为孩子塑造期望

固定的结构、可预测性以及能够理解他们的周围世界，对孩子是有益的。这都需要花费时间和精力，做到这些对父母来说可能很吃力，尤其是那些从事多份工作的父母。练习本章前面提到的练习：规划美好的体验，与你的高敏感孩子一起想一想如何安排练习计划、体验练习效果，并在之后进行练习总结，这将有助于改善你的孩子（还有你自己）在生活中的适应能力。孩子的年纪越小，你就需要越多的身体力行，直到孩子发展出认知能力并在这个过程中变得更具互动性。这是一个反复试错的过程，每次进行这个练习，你都会学到一些新东西。你的孩子将因为你的努力而受益，而你在不断尝试新事物以学习更好的应对方法的同时，也为孩子塑造了一个锲而不舍的榜样。

友情中的高敏感者

高敏感者可以结交到很好的朋友。他们经常对别人很关心，主动问候一段时间没有联系的朋友，并询问他们与情绪相关的经历。高敏感者往往都很随和，可以与他人进行深入、有意义的对话，这可能让人感到如沐春风般的舒适。话虽如此，高敏感者可能会期望非高敏感的朋友也能以相同的方式对待自己。如果朋友没能回以相同程度的关注，可能会导致他们失望和怨恨的情绪。调整对朋友的期望对维持友谊至关重要。

假如职业篮球运动员斯蒂芬·库里（Steph Curry）到社区公园参加篮球赛，并期望每个人都能达到美国职业篮球联赛（NBA）的水平，那他一定会大失所望。他甚至可能会感到生气，觉得为什么其他球员不能更努力一点呢？高敏感群体拥有更敏感的中枢神经系统和情绪感知能力。不论非高敏感群体尝试多少次"更努力一点"，并不意味着他们就能做到你能做到的事。对你来说显而易见、很基础或者是常识的事情，对非高敏感者来说，他们甚至可能对这些事浑然不觉。认识到自己的这一特质是一个强项并不会让你变得傲慢，但如果你以相互比较的态度向别人谈论这件事，就有可能是一种傲慢的表现。如果库里承认自己是一名优秀的篮球运动员，他是否就傲慢了？不会的。但如果他一再提醒别人他有多厉害，以及其他人有多差劲，那么就会导致他的人际关系出现问题。

你的友情是一种有限且珍贵的资源，必须要谨慎对待。在别人有需要的时候出现在他们身边，提供关怀，并用你自己希望得到的方式付出给他人，有时候会让人觉得如获新生。但是不加区分地付出且界线松散，便会让自己感觉倦怠、怨恨和愤怒。在长期的友情或其他任何形式的人际关系中，不公平总是在所难免的。我们的目标不应该是一对一的互相交换，而应是一种互惠的意识、感受到彼此的尊重，并能够在需要时寻求对方的帮助。

我们的目标在于找到能够与你讨论彼此差异并且保持良好界线的人，另外也要关注哪些朋友可以满足你不同的需求。社会文化常常传递一种观念，你应该有一个最好的朋友，你可以和他一起做任何事（类似于恋爱关系中的灵魂伴侣）。但这种不切实际的期望，难免会给你带来失望和伤害。

友情的超能力

高敏感人群常常贬低自己对人际关系的贡献。请花一些时间，通过选择以下你所拥有的友情超能力，想一想你属于哪种类型的朋友，以及你为友情关系带来了什么。

□ 能对他人的情绪感同身受

□ 忠诚且能建立长久的良好友情

□ 愿意努力化解冲突

□ 在讨论困难的决定时，是好的倾听者；在做出选择

时，可以想到朋友的价值观和需求

☐ 能够解读出朋友的非语言信息，并做出相应的回应

☐ 当你注意到他人不舒服或需求未被满足时，同理心可以让你快速做出反应和调整

☐ 愿意深入参与、讨论严肃的话题

☐ 不太可能做出不礼貌的行为或忽视他人（例如，与朋友外出时却一直在讲电话）

☐ 能察觉到周围环境的刺激以及自身和他人的需求，意味着你能够规划舒适且愉快的体验

☐ 其他：＿＿＿＿＿＿＿＿＿＿＿＿＿＿＿＿＿＿＿＿

高敏感者很容易过度在意自己在人际关系中所占用的空间，并低估自己的贡献。花一些时间辨别你为友情带来了什么贡献，有助于建立你的自尊和自信。

常见挑战

在一段新的友情中，控制你付出的程度是很重要的。人们被高敏感者吸引是因为与你交谈可能会让他们感觉良好。这种感觉可能会很美好、让人沉迷，给高敏感者一种被肯定

的感觉——一个新朋友耶！随后，这个朋友却开始不见踪影。高敏感者不禁开始反思自己，想要找出哪里出了问题。这是高敏感人群的常见经历，也助长了高敏感者认为自己一定有点儿"毛病"的错误想法。对于非高敏感者而言，和高敏感者做朋友可能是一件具有挑战性的事情，因为自己会被期待要真诚地交流。高敏感者可能会要求你们一起解决冲突而不是忽视冲突，会在自己觉得不堪重负时寻求帮助，并践行自己的价值观。如果朋友似乎为了迎合自己而放弃他们的价值观，高敏感者会为此表达担忧。非高敏感者可能会觉得这让人精疲力竭，因此当他们说出"我承受不了，不奉陪了"也就并不奇怪了。这真是令人惋惜啊！

接踵而来的就是高敏感者各种消极的想法："如果我可以睁一只眼闭一只眼就好了"或"如果我可以不那么敏感就好了"。这实在是令人痛苦。请记住，如果有人想要成为你的朋友，他们会接受你的需求。无论是友情、亲情或者爱情，如果对方不想投入必要的精力来维持一段健康的关系，这并不是你的错。你可以为失去这段关系感到悲伤，但不需要感到愧疚。唯有当愧疚可以促使你更好地对待他人和修复一段破裂的关系时，它才有其实用性。但是，要做到这一点，对方需要开诚布公地分享自己内心的感受，并与你一起投入关系的修复中才行。

盘点你的期望

人际关系中的负面情绪通常是由于期望的落空而造成的。明确自己的期望，并明白它们是如何落空的，是解决问题并促使关系继续向前发展的第一步。

回想那些可能让你感到不满、失望或不安的关系。你能辨别出在这些关系中你落空的期望是什么吗？

_____

_____

就这个人的能力而言，这个期望是不是不合理呢？

_____

_____

如果答案是肯定的，你如何改变你对这段关系的期望呢？你需要如何改变界线来保护你自己呢？

_____

_____

如果答案是否定的，你是否可以与对方讨论你的担忧，并设法解决冲突呢？请记住，无论看起来多么显而易见，你都不能期望别人读懂你的心思。

_____

_____

如果你不喜欢冲突，也许很容易就会逃避处理你在一段关系中受伤或愤怒的感觉。然而，从长远来看，这意味着这段关系将不再是你可以享受和交心的关系。这会导致你的支持网络变得薄弱，从而无法满足你的需求和解决你的问题。虽然正视冲突很困难，但它是建立深层联系的途径。

局限性观念的检查清单

高敏感人群可能会被过去的负面经历限制了他们以健康方式与他人建立联系的能力。有哪些观念可能会阻碍你建立健康的人际关系呢？

☐ 如果我表达自己的需求，别人就会把我视为负担

☐ 如果我说不，别人可能会拒绝或抛弃我

☐ 如果我在被伤害时明确地表达出来，别人会不屑一顾或贬低我

☐ 我应该为现有的朋友而感到知足，至少我有一个可以和我一起做事的人

☐ 我只能通过忽视自己的需求和满足他人的需求才能找到朋友

☐ 其他：_____

这些观念可能是源于你之前不健康的经历；或者，它们可能是不切实际的恐惧，阻碍你建立更有意义的友情。无论是哪种情形，心理治疗师或认知行为治疗（CBT）手册都可以帮助你克服这些局限性的观念。

回顾过去的经验

大多数人都能回忆起童年时期被取笑、被排挤或感到自己与周遭格格不入的经历。对高敏感者来说，这些记忆可能会在其内心被固化为真理并塑造了他们的社会身份。你可能已经想到了一段至今仍然让你感到尴尬的童年记忆。强大的情绪处理能力和同理能力，使你至今仍然可以感受到这段经历在当年激起的一些强烈情绪。理想情况下，当时你身边有一位家长或可信赖的大人帮助你处理和界定了这些经历。如

果不是这样，许多高敏感者都受益于通过心理治疗来处理这些过去的情绪，并寻找新的方法来界定这些记忆。你当前的界线需求将由这些过去的经历塑造，尤其是在友情关系中因别人的情绪而让你感到不堪重负的经历。

重新界定过去

寻找新的方法来界定和理解过去的经历是一种有用的应对工具。请想出3段与友情有关，且在某些方面令人痛苦或感到难受的过去经历。辨别各段经历是如何塑造你对自己的看法的，并想出一种重新界定这段经历的方法，能够让你放下这段经历并继续前进。

事件：没有被邀请去杰西（Jesse）的派对

自己的局限性观念：没有人想和我做朋友。

增强力量的重新界定：我反正本来也不会享受那个派对。

1. 事件：＿＿＿＿＿＿＿＿＿＿＿＿＿＿＿＿＿＿＿＿

＿＿＿＿＿＿＿＿＿＿＿＿＿＿＿＿＿＿＿＿

自己的局限性观念：＿＿＿＿＿＿＿＿＿＿＿＿＿

＿＿＿＿＿＿＿＿＿＿＿＿＿＿＿＿＿＿＿＿

增强力量的重新界定：_____

_____

2. 事件：_____

_____

自己的局限性观念：_____

_____

增强力量的重新界定：_____

_____

3. 事件：_____

_____

自己的局限性观念：_____

_____

增强力量的重新界定：_____

_____

_____

　　界定经历的方式十分重要，如果你总是认为没有人愿意和你相处，那么独处就会是一种令人沮丧的经历。相反，如果你相信独处的时光能让你在外面成为一个更好的朋友，那么你就可以用不自责的方式珍惜自己独处的时光。辨别和重新界定这些局限性观念，可以大大促进你的心理健康。

在友情中认识你自己

反思过去是认识自己的一个好方法，同时也能提升你对自己的理解和生活品质。具体想一想（好的和不好的）友情以及社交经历——你需要的是什么？你可以从以下这些问题开始考虑。

你与朋友相处的理想方式是什么样的？

_____

_____

你在完全"在线"的状态下，最长能和朋友相处多久？

_____

_____

你需要什么样的界线来限制自己吸收朋友们的情绪？

_____

_____

你与朋友更喜欢哪种沟通方式？

_____

_____

在什么情况下，你觉得一段友情已经不再适合你？

_____

_____

　　好好想一想友情中哪些部分适合你、哪些部分不适合你，这和第二章环境评估的练习很类似。清除杂乱的事物，从中找到真正合适的部分，并实施新的策略，可以让你对友情有更积极的体验，并在与朋友的互动中做更好的自己。

本章回顾

　　对于你生活中的每一段人际关系，想一想有哪些方法能平衡每一位当事人的需求。优先考虑沟通、秉持好奇的态度以及采用不责备的解决问题的方式，是在人际关系中维持健康界线的好方法。请记住：

　　1. 在特定情况下，界线可能会随着环境、对象和你的需求的变化而发生变化。你和别人都可以根据需求对界线进行调整。

　　2. 为自己和他人进行"提前准备、体验中和事后回顾"的正念练习，以获得更愉快的体验。

　　3. 辨别差异并不等于要评判另一方，而是可以使之成为开放、真诚沟通的基石。

第四章

职场中的超能力 —— 如何获得自我 认可的事业

高敏感者的有些需求会相互冲突，从而引发压力，工作则可能是这种压力的持续来源。高敏感者一方面需要创造一种平静、刺激程度适中的生活，另一方面又需要赚钱谋生。这些需求的平衡方式，可能会随着你人生阶段的不同而有所不同。这是一个不断发展和进化的过程，有意关注这一过程可以帮你做出明智、用意明确的选择，让你朝着自己的目标前进。在本章中，你将辨别出你在工作中的优势有哪些，以及在工作场合运用这些优势的方法。此外，你将评估你工作中的痛点以及解决或应对这些痛点的方法。

高敏感者与志向

你对于工作的界定，会影响你对工作的投入程度。高敏感群体通常渴望的不仅仅是"一份差事"。"差事"是为了达到某种目的使用的一种手段——用你的劳动换取工资。"事业"则是为了在某一特定领域取得精进。当你为事业而努力时，驱使你前进的动力是成长、学习和未来的机会。"志向"则是将事业与你的道德观和伦理价值观相结合，并由你本身之外的某种事物所驱动。有关志向的例子包括帮助他人的事业、基于信仰的事业、环境保护、出庭为他人辩护等。在考虑你要的是一份差事、事业还是志向时，可以先从评估你的价值观开始。

价值观评估

参考表4-1，此表所列出的价值观并不详尽，但包含了人们在做与工作相关的决定时所考虑的常见价值观。请记住，能够选择一种差事、事业或志向，已经是一件幸事。如果你现在的处境不允许你选择自己的工作，请从未来的选择或目标、你目前的工作角色或从事的非工作类型的活动来思考这些价值观。请根据每种价值观对工作的影响程度，在对应的位置上打钩。

表4-1　价值观对工作的影响

成就/成就感		
很少有影响	偶尔有影响	总是有影响
环境/动物保护		
很少有影响	偶尔有影响	总是有影响

续表

帮助他人		
很少有影响	偶尔有影响	总是有影响
创新性		
很少有影响	偶尔有影响	总是有影响
金钱		
很少有影响	偶尔有影响	总是有影响
体力活动		
很少有影响	偶尔有影响	总是有影响
公平性与伦理性		
很少有影响	偶尔有影响	总是有影响
对知识的追求		
很少有影响	偶尔有影响	总是有影响
精神性/信仰		
很少有影响	偶尔有影响	总是有影响
健康		
很少有影响	偶尔有影响	总是有影响
工作与家庭的平衡/与业余活动的平衡		
很少有影响	偶尔有影响	总是有影响
我经常考虑的其他价值观		
很少有影响	偶尔有影响	总是有影响

通过这个练习，你应该能看到你的价值观将影响你所

做出的决定。看一看，每种价值观分别落入了哪种影响区间中？有没有出乎你意料的项目？你可以从这个结果中得出什么结论呢？了解你的价值观，可以帮助你做出与你认为重要的事情相一致的人生决定。这也能突出各价值观之间的冲突，帮助你了解因为价值观冲突所产生的痛苦和失落感。在下一个练习中，你将有机会了解你的价值观是如何在你的工作生活中逐渐形成的。

评估你目前的情况

在思考过上文练习的价值观之后，你现在可以评估你当前的情况与你的价值观的契合程度。上一个练习中，哪三种价值观对你影响最大？将它们填在下面的表格上。

现在评估你目前（有偿或无偿）的工作或所追求的工作是否符合你的三大价值观（0 = 不符合目前的工作，10 = 完全符合目前的工作），请根据实际情况打分，在对应分数下面打钩。

表4-2 价值观契合程度表

价值观1:										
	1	2	3	4	5	6	7	8	9	10
价值观2:										
	1	2	3	4	5	6	7	8	9	10
价值观3:										
	1	2	3	4	5	6	7	8	9	10

请分别评估各个价值观。

5~10分：

恭喜！你正在或正在争取一个让你可以在你的价值观体系中发挥作用的角色。虽然最理想的状态是10分，但是生活中很少有事物能够以理想的状态存在。只要高于5分，就意味着多半情况下，你在谋生的同时也在践行自己的价值观，这是一件很棒的事情。

0~4分：

多半情况下，你的工作不符合这项价值观。

这种差异会对你的情绪、精神和身体造成什么影响？

_____

_____

哪些因素导致了这种差异？（例如，家庭压力、经济所迫、签证状态、对失败的恐惧。）

_____

_____

　　如果你现在无法马上找到新工作，有没有办法将这些价值观融入你目前的生活中？（例如，根据上述价值观重新界定你的工作、设定长期目标或在工作之外寻求可以满足这些价值观的活动。）

_____

_____

　　人一生中价值观是流动且不断变化的，你最重视的价值观可能会随着环境和需求的变化而发生改变。每隔一段时间就评估一下你是否正在从事对你的生活有意义的工作，这既可以帮助你确认自己的选择，也可以帮助你调整努力的方向。

常见挑战

　　高敏感人群往往深受"工作、生活平衡"和"关心他人"这类价值观的影响。在做出与工作相关的决定时，这可能会导致其与非高敏感人群产生误解和冲突。高敏感者在选择工作时，经常会考虑生活品质方面的因素（例如，假期时间、同事性格、公司的道德规范）。因此，当他们因为优先考虑心理上、情绪上和身体上的舒适及健康，而决定从事报酬较低的工作时，他们周围的人可能会对他们品头论足。

高敏感人群向精神导师或心理治疗师寻求指导是很常见的，因为他们觉得自己在做决定的时候被卡住了。通常在犹豫不决时，其他人的意见会对高敏感者的心理产生很大的影响——诸如"如果没有抓住这个大好的机会，你会后悔的"或"放弃这个机会是愚蠢的"之类的意见。这些信息会引起高敏感者的焦虑。能够帮助你全面评估决定的各个方面的发人深思的提问，与会让人觉得被批评和被评判的提问，两者之间往往只有一线之隔。

在做和工作相关的决定时，请谨慎选择你的咨询对象。思考一下对方的决定源自哪些价值观（例如，金钱），以及这是否符合你自己的价值观（例如，生活品质）。接受他人所表达的担忧，并询问自己是否遗漏了什么考量选项，然后在你自己的价值观体系中评估他们的担忧。向与你不同的值得信赖的对象寻求建议，同时为自己的直觉留出空间。无论你最终做出什么决定，都要知道自己为什么会做出这个决定。

请记住，与他人分享你做决定的过程，并不等同于你需要向别人证明自己。如果你发现自己起了防御心或感到未被支持，请花时间想一想这是为什么。（例如，你是否对自己

117

所做的决定不太有把握，或者这些决定是否受到了不必要的批评？）邀请他人参与你的决策过程会使你变得非常敏感。因此，请选择尊重你的人，而不是只会附和你的人。

环境因素

就像可以通过规划你的居家环境来促进身心放松一样，也可以通过规划你的工作环境来提升你的表现。接下来，你会看到一些环境因素以"非此即彼"的方式被列出（见表4-3），以帮助你分辨自己的偏好。你可能更喜欢在选项间取一个平衡，这也是一个有用的信息。

表4-3　工作中的自我偏好

分析角度	自我偏好1	自我偏好2
工作节奏	灵活的期限	与时间赛跑
工作的稳定性	工作稳定	刺激而起伏不断
智力上的挑战	知道自己在做什么	充满未知
客户互动	幕后工作	面对客户
通勤	越近越好	如果我喜欢，我愿意开车
薪资	固定薪资	不固定的薪资，有机会获得高报酬

分析角度	自我偏好1	自我偏好2
日程安排	固定行程	多样的、有奇遇的
管理	有明确的制度	自主的、有创造性的
噪声程度	感觉太吵闹	太安静容易让人分心
认可	没有反馈就代表好反馈	反馈能促进成长
分析式思维	直接把我需要知道的告诉我	给我数据，我会自己得出结论
体能活动	轻松，很少消耗体力	运动量较大
创造性	常规、可预期的	艺术使一切变得更美好
创新	如果原来的事物没问题，那就不需要创新	创新是进步所必需的
多元性	很少的任务、角色	多重任务、角色

　　有时候，将事物区分为"非此即彼"的两类，可以帮助你辨别自己原本没有意识到的偏好。这些答案可能并不总是正确的，但是能够帮助你增进自我了解。

回顾过去的经验

　　根据你出生环境的不同，工作对于你而言可能是有趣的、自愿的追求；也可能是别无选择的、严酷的现实生活；或者对于多数人更可能是介于两者之间，即工作与生活品质较为平衡的状态。这种界定会影响你学习的方式，以及你心目中认为足以维生的工作选择。如果你出身贫寒，那么找工作对于你的意义更多的是为了避免经济拮据带来的窘境，而不是工作本身；相对的，如果你在经济富足的环境中成长，那么你工作的重点可能就在于寻找工作的意义。

因为高敏感人群会受到自己周围的环境和情绪的影响，所以你很可能接受了一些隐晦的信息，而这些信息可能是你的监护人（们）自己都没有意识到的。例如，阿杰（Jay）注意到他当护士的母亲每天下班回家都会先瘫倒在沙发上一个小时，然后才吃晚饭。他的母亲会谈论她是多么喜欢当护士和帮助别人。然而，阿杰注意到他的母亲会经常精疲力竭，而且她会因为脚太疼而缺席周末的家庭活动。因此，阿杰从小就意识到他想要一份让他身体上感到舒适的工作，这样他就不会错过家庭活动。在这种情况下，阿杰凭直觉开始发现他的价值观和他母亲价值观不一样的地方。

根据你直接或间接接收到的信息，你可能因为与你的监护人和原生家庭不同的价值观而有冲突感。对于许多家庭来说，这些冲突是难以解决的，但并不罕见。因此，更多地了解价值观的差异，以及这些差异所产生的影响，对你和你的家人都是很有价值的。

早期的讯息

在这里，你将回顾你从小成长的家庭，以及它如何塑造了你对工作的看法。回想一下，当时家人在工作中使用的是什么类型的语言。想想哪些是直接传达给你的讯息，哪些是你通过观察捕捉到的讯息。请先来探索以下问题。

你家中有几个人工作？

_____

_____

是否有监护人在家里陪你？

_____

_____

他们如何讨论工作和家庭期望中的性别问题？

_____

_____

金钱是如何被看待和谈论的？

_____

_____

它是否被当成一种稀有资源？

_____

_____

这些金钱是个人所有，还是被视为全家人共享？

_____

_____

哪些价值观塑造了你的求职方向？

_____

_____

_____

从上一个练习中看到的你目前的价值观，是如何与你原生家庭的价值观相适应的？

_____

_____

有哪些交叉因素影响了你家人的工作经历？（请参考：社会经济地位、能力状态、所处的世代、移民身份、农村/城市的工作机会、性别认同、教育水平等）

_____

_____

这些因素如何影响了你的工作状态？

_____

_____

这些因素如何影响了你在工作中的体验（例如，人际交往、晋升机会）？

_____

_____

回想一下有哪些事情是你从父母或其他家庭成员身上间接学到的，这可以帮助你辨别出你潜在的一些信念，这些讯息和信念可能会塑造你的工作之旅，意识到它们的存在对你是有帮助的。

感恩胜过责任

当思考你的原生家庭和工作习惯时，很容易就低估了你自己需要的和想要的东西。当你将家人列入你的未来规划中时，保留一个选择框架可能是有用的。如果你把家人所需要

123

的金钱放在某件你更看重的事物之上，那么你就很容易产生
怨恨。你总是有选择的，有些选择会产生严重的后果，但它
们仍然是一个选项。请记住，你自己是有选择的，这可以帮
助你保持一种把控感，也有助于减轻随着时间而积攒的怨恨
情绪。

你的原生家庭对你的职业选择有多大影响？

_____

_____

你家人的意见和期望，给你带来了多大的苦恼？

_____

_____

关于职业的选择，你以什么方式隐藏自己想要的或需要
的事情以避免冲突？

_____

_____

是什么阻碍了你与家人分享你的目标和愿望？

_____

_____

_____

如果你选择了家人不喜欢的东西，你可能会面临什么

后果？

_____

_____

以你目前的情况，你会如何选择向目标前进？在知道这些价值观可能会随着时间的推移而改变的同时，你目前会选择优先考虑哪些价值观？

_____

_____

家庭既可能给你带来支持，同时也会给你带来压力，包括你在为自己的未来做决定的时候。多留意你与他们分享的内容、分享的时间和方式，可以帮助你管理不适感。

职场上的高敏感者

高敏感人群通常会高度专注于他们可能存在的任何缺陷，这可能导致他们低估和忽视自己在职场上的优势。有许多技能通常是高敏感人群很擅长的，就像在人际关系中一样，这里的重点在于找到适合你工作的部分。了解自己的优势可以帮助你平衡负面反馈并帮助你在事业上成长。如果你聘用了一位高敏感者，请记住，认可对方的成长和优势是一种有价值的手段。受到关注和重视是高敏感者的强大动力，这对提高员工士气和工作投入度大有帮助。

职场上的超能力

花点时间思考一下你的工作。想一想哪些时候你觉得自己能胜任工作，并且对自己的工作感到满意，无论这个例子有多小。请记住，无论你的技能是否被他人认可，你都拥有它们，不要害怕证明自己。在你拥有的技能旁边打钩，然后自己另行补充。

☐ 发现并修正错误

☐ 软技能和人际管理

☐ 特定工作的硬技能

☐ 高挫折容忍度（尽管遇到挫折，但仍能继续处理问题）

☐ 识别一个领域的趋势

☐ 预测客户或老板的需求

☐ 通过鼓励他人而提振士气

☐ 团队合作者，良好的协作者

☐ 注重细节

☐ 严格遵守规则和道德准则

☐ 处在我理想的刺激状态时，工作效率高

☐ 其他：＿＿＿＿＿＿＿＿＿＿＿＿＿＿＿

你为你的工作角色带来了什么其他人可能没有的东西？

＿＿＿＿＿＿＿＿＿＿＿＿＿＿＿＿＿＿＿＿

＿＿＿＿＿＿＿＿＿＿＿＿＿＿＿＿＿＿＿＿

你最擅长和最享受工作中的哪些部分？

＿＿＿＿＿＿＿＿＿＿＿＿＿＿＿＿＿＿＿＿

＿＿＿＿＿＿＿＿＿＿＿＿＿＿＿＿＿＿＿＿

有什么方法能让你在当前的角色中，更有效地发挥作用？

＿＿＿＿＿＿＿＿＿＿＿＿＿＿＿＿＿＿＿＿

＿＿＿＿＿＿＿＿＿＿＿＿＿＿＿＿＿＿＿＿

你也许无法给自己加薪，但了解自己的价值是很重要的，尤其是当其他人无法看到或不愿意看到时。了解自己的价值并能够认可自己，在职场上是很重要的，在其他领域也同样重要。受到赞赏的感觉总是很好的，但这取决于你的工作场所和同事，这种事不一定总会发生。没有受到赞赏的时候不要感到害怕，请以你自己为荣。

常见挑战

许多高敏感者享受并重视自己的工作内容，但会受到工作背景环境的困扰。被观察、收到负面反馈、冲突以及环境中的压力因子，都可能是他们职场上的挑战。

人际关系上的挑战。高敏感人群在被关注时往往表现得更差，因此，开放式的办公室、上台汇报或者年度评审，有可能会让高敏感人群感到压力特别大。以下这些方法也许会对减轻压力有帮助：在有压力的活动之前和之后安排过渡的缓冲时间；与你的老板就如何管理反馈进行沟通；提议在评审之后再开一个后续会议，这样你可以把口头和书面的反馈带回家慢慢消化，如果有任何问题或疑虑可以在后续会议中讨论。

请记住，工作反馈不是（也不应该是）针对个人的，而应该是针对你是否充分履行了个人工作职责。在有建设性的反馈中，你应该能够了解你的工作表现如何，以及你的老板评估的是哪些具体的行为指标。重新把关注点放在行为上，可以帮助你避免陷入他人的情绪中，并专注于你可以掌控的事物。

环境中的压力因子。周围的环境有可能会导致你注意力难以集中、感官不堪重负和疲惫。评估自己周围的环境、评估什么是在自己掌控范围内的，以及应该如何应对，对于很多高敏感者来说都是很有帮助的。如果头顶的日光灯让你头痛，你能不能自己带一盏灯或戴上防蓝光的眼镜呢？如果噪声令你分心，能不能选择戴耳机或耳塞呢？此外还包括优化你工作流程的结构。许多高敏感者觉得不断涌入的电子邮件会分散他们的注意力，产生过度刺激。在你一天的工作中安排特定的过滤、收发邮件的时间段可能会对缓解这种压力有所帮助。在思考应对措施时，请尽情发挥创意。

与你天天见面的人

与你每天互动的人会对你的生活品质产生很大的影响。如果你曾经和一个非常有个性的人共事过，你应该能明白，一个人就能提升或毁掉一个工作场所的文化氛围。以下是一些关于潜在工作环境的问题。

同事之间将彼此视为相互竞争还是相互支持的关系？

你在工作场所能看到多少多样性？（可以考虑思想、文化、信仰、种族、能力、家庭类型等多样性。）

_____

老板与员工之间，以及同事之间，是如何给予和接受反馈的？

_____

同事之间看起来存在什么程度的友谊？

_____

在工作场所，什么程度的友谊让你感到自在？（换句话说，在工作场所，你希望的同事间的界线是什么程度的？）

_____

即将与你共事的人的管理风格是什么样的？

_____

反馈是公开还是私下进行的？

_____

_____

这些人是你可以信赖的吗？你的直觉告诉你什么？

_____

_____

　　评估一份新工作的人际关系如何可能是面试过程中的重要一环。任何时候你去面试时，请记住，你也在面试他们并收集信息，以便让你做出更明智的决定。

角色转换

　　在职业角色和个人角色之间转换需要空间来解压，以便转变为不同的思维方式，并从令人筋疲力尽的活动中恢复过来。工作有可能既让人疲惫又让人满足。花一些时间思考一下，你在工作和生活之间的角色转换程序。

　　在一天工作结束后，你是如何从工作状态转换到个人生活状态的？

_____

工作和个人生活之间是否存在模糊的界线，从而难以割
裂？（例如，在家时也被要求回复电子邮件。）

工作中的哪些方面会导致你压力很大？你目前是如何处
理它们的？

你能不能想出一两种方式让你更有意识地在两种角色之
间转换？（例如，在开车回家之前，先在车里休息、沉思5
分钟。）

如果你缺乏空间和时间来恢复或管理工作中令人筋疲力
尽的部分，那么你可能会出现倦怠，甚至让你想完全放弃这
份工作。察觉到令人筋疲力尽的部分并尽早干预可以让你在
目前的工作中保持持续的投入。

回顾过去的经验

对于高敏感人群来说，在工作场所中，过去的事情通常会以两种主要方式呈现。首先，你早期生活的人际动态（父母或兄弟姐妹）会在同事或老板之间重现。例如，你的父母非常挑剔，并因此导致你高度焦虑，那么当你从老板那里接收到负面的反馈时，可能会引发你与之前高度相似的焦虑感，无论老板的出发点是什么。结果，你去参加会议时，你对那些反馈的情绪反应和内化程度可能会比你想象中的要强烈得多。类似的，曾经你和兄弟姐妹之间的竞争感和敌对感可能会再次出现在同事身上。这些感受可能会使你难以区分什么是"你的东西"（对批评的强烈感受）和什么是"他们的东西"（你的老板缺乏关怀）。心理治疗可以成为整理这些错综复杂情绪的好工具。

另外，管理过去你在工作场所中受到的心理创伤，是高敏感者在工作场所的另一个常见课题。有时候是明显的创伤（即客观创伤，如明显的攻击），而有时候是隐性的创伤（即主观创伤，如言语取笑）。任何形式的创伤都会刺激我们的交感神经系统进入"对抗-逃跑-冻结"的模式。一旦将某人从创伤源中移开之后，复健的过程就包括重新建立一种安全感和信任感。当人们遇到一个让他们想起过去创伤的刺激时，他们很容易被触发回到"对抗-逃跑-冻结"的模式。因为你无法选择自己或其他人什么时候会被触发"对抗-逃跑-冻结"的模式，因此请记住，时常抱有同情心，并在创伤损害你有效应对刺激的能力时主动寻求帮助。

本章回顾

对大多数人来说，工作占据了生活的很大一部分，并且可能是你在做选择时感到主动性较少的一个领域。随着你的人生不断向前，你与工作的关系也将不断发生变化。在不同的阶段，重新想一想以下内容可能会对你有所帮助。

1. 与你价值观一致的生活是获得满足感的关键。评估你目前的工作是否符合你的价值观，并找出可以提升二者一致性的途径和方法，这可以帮助你在生活中获得满足感。

2. 了解你的技能和价值有助于内在的自我认可和自尊形成。这在你的对外谈判、自我表达和职业发展方面也有帮助。

3. 心理创伤可能会影响你的工作。如果你发现你过去的经历干扰到你想要的生活，请寻求帮助。

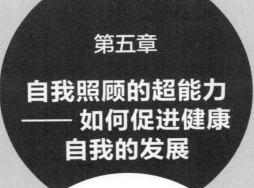

第五章

自我照顾的超能力
—— 如何促进健康
自我的发展

你的身体是很敏感的，会对饥饿、疲劳或不堪重负做出相应的反应。当身体感觉不舒服的时候，它会大声表达出来，要求你好好照顾它。虽然这可能会带来不便，但这也意味着你的身体会不断地给你提供有用的反馈。你的身体具有良好的沟通技能，可以帮助你保持最佳的运转状态。本章将涉及压力影响身体的方式、正念的价值，以及如何运用有效的应对策略来达到预防保健的目的。

高敏感人群与健康

当受到过度刺激时，你的身体会做出反应，这对于你的长期健康十分重要。当你受到过度刺激时，你的大脑会评估你的健康是否受到了威胁，并会激活你的交感神经系统（对抗-逃跑-冻结）以确保你的安全。短期内，这是一种非常有效的能确保你安全生存的方式。但当其成为一种常态，就可能会导致慢性焦虑。由于高敏感人群更容易受到压力和环境的负面影响，因此经常会出现焦虑症状和相关疾病。

在应对慢性焦虑和压力时，你的身体会不断分泌压力激素（例如，乙酰胆碱和肾上腺素），这可能会导致体内出现慢性炎症并使你的健康状况恶化，例如，出现自身免疫性疾病。你的交感神经系统越频繁被触发，且它被激活的时间越长，就越难让它平静下来。如果你曾因家庭、工作或学习方面的问题有过心理创伤或慢性压力，你可能需要更多的时间来开始训练你的副交感神经系统，这可以使你脱离"对抗-逃跑-冻结"的模式。这是有可能做到的！

这种心理健康和身体健康的互惠性质，一直以来是正念练习在临床医疗和社会体系中兴起的基础。正念练习，如冥想或瑜伽，可以激活你的副交感神经系统。这就是为什么你最近见过的每一位医生、专家或治疗师都可能会推荐你开始练习冥想。它虽然不是医疗干预的替代品，但是它将最大限度地提高你的健康水平。

由于你的身体更容易受到压力因子的影响，这也意味着治疗措施可能会特别有效，你可能更容易受到某些药物的影响。许多高敏感者都反馈说，自己要么对药物的副作用很敏感，要么只需要服用较低剂量的药物。此外，保证睡眠、营养和锻炼的健康生活模式是你保持健康的重要手段。例如，有学者发现，运动有助于缓解高敏感者的抑郁症状。不睡觉、吃不健康的食物和从不锻炼，对你的健康是百害而无一利的。

请注意，有些生理状态可能看起来很像是高敏感者的特征，例如，埃勒斯-当洛斯综合征（Ehlers–Danlos syndrome，简称EDS），这是一组影响结缔组织（由细胞和大量细胞间质构成）的基因变异。许多患有EDS的人在成长过程中也常听到类似的信息（例如，"你太敏感了"），并经历类似的感觉过载，尤其是他们体内的感官。事实上，大多数EDS患者都反映自己敏感度很高，不过这方面的问题迄今为止还没有被正式研究。重要的是，不要将任何健康问题视为"我只是太敏感"，并确保针对你遇到的任何症状进行妥善的治疗。

身体觉知

多年来，你的身体被要求保持沉默，忽略你的身体想要告诉你的东西，于是要重新学会倾听你的身体是一项需要培养或重新建立连接的技能。在这个练习中，你将开始重新与你的身体建立连接。请为这个练习留出15~20分钟的时间。

1. 找一个舒适的地方坐下或躺下，你可能想要放一些舒缓的背景音乐，只要它不分散你的注意力就行。

2. 深呼吸。慢慢增加你的呼吸深度，从浅的胸腔呼吸，慢慢加深到深腹呼吸或者横膈膜呼吸。当你呼气和腹部放气时，感受空气充满你的肺部，肌肉放松。这样重复10次。在接下来的练习中，保持呼吸的深度和节奏。

3. 将注意力转移到你的身体上。目的不是判断和修复，只是倾听和留意你的身体在哪些地方储存了压力和紧张。

4. 从你的头部（眉毛、下巴、头皮）开始，留意你的身体可能承受压力的任何紧绷或不适的地方。当你吸气时，聚集这些紧绷感；当你呼气时，放松你的肌肉。

5. 一边继续深呼吸，一边将意识在你的身体上游走，用2~3次深呼吸专注于身体的各个部位，每次呼气时将紧绷感释放掉。

6. 请扫描以下区域：

头部	双手	臀部
肩膀	上背	大腿
上臂	下背	小腿
下臂	腹部	双脚

7. 当你扫描完最后一个区域时，留意一下你整个身体的感觉。你可能会感到疲倦或放松。环顾你四周的环境，让

自己回到现实中。动一动你的手指和脚趾，慢慢唤醒你的身体。

进行简短、有意识的休息以检查你的身体，有助于调节焦虑、缓和交感神经系统，并及早发现可能出现问题的区域。随着你对身体承受压力的位置和方式越来越熟悉，你可以开始主动关注这些区域。

正念要点

请花一些时间思考一下你的身体在刚才的练习中传达给你什么信息。

哪里很紧绷、疲倦或疼痛？

_____

_____

_____

有没有感觉哪里躁动或不安？

_____

_____

_____

如果有的话，哪个部位需要更多关注？

_____

_____

你今天或者明天可以做些什么来缓解这些不适（如锻炼、泡个热水澡）？

_____

_____

有没有什么长期存在的疼痛或不适需要专业人士（如医生、理疗师、按摩师）进行干预？是什么原因阻碍了你采取治疗措施？

_____

_____

每天或每周进行一次身体扫描的正念练习，可能是一种很好的身体检查方式，也能及早地回应身体的需求，避免其转变成更大的问题。

常见挑战

被医生忽视是高敏感人群在进行诊疗时面临的最常见

挑战之一。医生可能会忽视症状的严重性和药物的副作用。对于许多服用精神科药物的高敏感者来说，无症状所需的剂量（极低的剂量）就已经足够，或者需要更缓慢地用药或停药。当你的医生告诉你，你的担忧是多余的，或者你的症状"大概率是不太可能有的"时，那么你可能会特别难以表达你的需求。

医生这种不屑一顾的反应可能会让你不信任自己的身体，并给自己留下恐惧、受伤或不知所措的感受，这些感受将与你的诊疗经历联系在一起。这些负面的经历可能会导致你不愿再寻求帮助。高敏感人群通常能够感知到自己体内一些一般人无法感知到的东西。学会相信自己的感知对于能够让你接受适当的治疗是至关重要的。如果你已经失去了对自己身体的这种意识，那么学习重新与它建立联系将是你重拾健康旅程上很重要的一步。还要记住，医生和药物对你的帮助是有限的。例如，如果你发现食用麸质食物后感到不适，但你的麸质过敏测试呈阴性，这并不意味着麸质食物对你没有影响。科学界可测量的数据并不总是与个人的经验相符，因此倾听你的身体并根据你的需求做出回应，是一件只有你自己才能完全做到的事情。在理想情况下，这包括了从可信赖的专业人士那里获取的意见。

回顾过去的经验

根据你的诊疗旅程的不同，诊疗手段与你的高敏感特质的交叉点可能会有很大的差异。如果作为一名高敏感者，你又同时经历着慢性疾病，那么在你过去的诊疗经历中，可能存在着大量的主观创伤和客观创伤。不论你是面临一般的健康问题，还是面临慢性疾病的挑战，高敏感人群的一个常见问题就是对于自己的健康问题感到难以启齿，而这常常又和其童年经历有关。

许多高敏感儿童有可能会认为他们的需求会给其他人带来不便。例如，你的监护人在你生病的时候不得不请假在家；又或者如果家庭经济拮据，而看医生成了一笔意外的开支，你可能已经将这些信息内化为你的需求会给别人添麻烦，甚至对你的家人是不利的。高敏感儿童可能会从监护人的肢体语言或说话的语气中感受到他们的不悦，并在内心认定自己的需求会给他人造成麻烦。结果，高敏感儿童可能就此学会了如何保持沉默、管理自己的想法并避免扰乱家庭生活。长大成人后，他们很容易延续这种模式，即把别人的舒适放在自己的需求之上，哪怕这会损害你自己的健康。诊疗的目标是至少要把你自己的需求和想要的，视作与他人的需求和想要的是同等重要的。

回顾你的健康旅程

对于高敏感人群来说，健康可能是一个令人不适的话题。回顾这个旅程可以帮助你处理痛苦的经历，并让你走向自我接纳和自我表达。

回想一下你的健康之旅。你的旅程有两个方面需要评估：身体上的体验和你接收的信息。花几分钟找一个安静的地方坐下来，让你的思绪围绕你的健康旅程这个主题随意游走。

选择一段让你印象深刻的回忆，并在这里简短地写下来。

_____

伴随这段回忆而来的是什么样的情绪？

_____

_____

你是否还记得在哪些时候你减少了自己在健康上的需求？

_____

_____

或者什么时候你忽视了自己的一些不适症状？

_____

_____

你当时忽视这些不适症状或减少需求的动机是什么？

_____

_____

在那一刻听到什么话或经历什么事情会对你有帮助？

_____

_____

在那些时候，什么是对你有帮助的（如情绪上和生理上）？

_____

_____

你的家人是如何谈论健康的？

_____

_____

你的交叉身份对这些经历可能带来哪些影响（如少数族裔、残疾、信仰）？

_____

_____

当你生病时，你需要的是什么？

_____

_____

_____

　　当你的身体因为敏感而出现反应时，例如，很容易起荨麻疹，常常会让人感到尴尬或内疚。评估你过去的经历有助于深入了解如何处理你现在的健康情况。不论别人是否理解或认可你的经历，请记住，最了解你身体的是你自己，你生活在这个身体里，你有权以你知道的最佳方式照顾你的身体和你自己。

高敏感者与自我照顾

　　在童年和成年之间的某个时期，可能存在一个转折点，你开始认为你应该能够做到任何事。事实上，每个人都有局限性。高敏感者的经历不同于非高敏感者的经历，因为其忽略限制的后果可能会更加明显，尤其是生理方面的限制。一个有帮助的练习是，在你的身份认同和身体之间，保持一点儿距离感。开始将你的身体视为一个单独的实体，就像一个被抚养的小孩，这有助于引入自我同情。你不会因为一个孩子觉得饥饿或疲惫而感到生气，你会尽你所能去回应他的这些需求。不妨考虑以类似的方式去回应你的身体。每次出现需求时，都是练习如何更有效地照顾你的身体的好机会。

当你倾听你的身体并做出回应时，你可以设定一些自我照顾的策略。根据不同的文化背景，"自我照顾"可能是一个具有挑战性的术语。自我照顾指的是以有意识的行动来帮助自己管理压力、促进健康，并在你身体的不同部分之间找到平衡。花时间进行锻炼、亲近大自然、吃有营养的食物和保持充分的睡眠是人人都可以从中受益的自我照顾方式。

其他一些自我照顾的方式可能更加主观。如果你的工作简单、一成不变，但你的内心却充满了创造力，那么腾出时间参加艺术活动或课程对你来说可能很重要。如果社交活动让你感觉特别有压力，那么限制每周的社交活动时间或许是一种自我照顾方式。或者，如果与朋友相处有助于管理你的压力水平，那么每周安排一次聚会可能是一个优先事项。自我照顾对费用、时间或精力的要求可能会有所不同，可以依据资源的不同水平进行定制。

找到适合你的运动

在当今的文化环境中，可供选择的运动计划不计其数。许多都侧重于高强度的有氧运动和最大化的卡路里燃烧。这对某些人来说可能很棒，但并不是所有高敏感者都喜欢剧烈的运动或快节奏的环境。评估一下你需要什么样的运动强度和环境，并设法找到它。

运动有什么好处？

_____

_____

我的运动目标是什么（如增加力量、保持身体健康、参加马拉松、减肥或增重）？

_____

_____

根据我的运动目标，多少运动量对我是有效的？（如果你刚刚开始运动，请逐步增加运动量并考虑寻求专业人士的帮助。）

_____

_____

频率：_____

每次的时长：_____

哪些类型的运动可以帮助我感到踏实、精力充沛和健康？

_____

_____

我目前进行常规运动的阻碍是什么？

_____

_____

当我停止运动或缺席课程时会发生什么？

_____

_____

我如何才能重视这件事，将其作为我医疗护理的一部分，而不是只将其视为一项可选择的爱好？

_____

_____

_____

　　运动有其医疗上的功效。适合于不同人的运动类型多种多样，但所有的医生和研究人员都一致同意：让你的身体动起来很重要。如果你平时没有运动的习惯，可能需要进行几次不同的尝试才能找到适合自己的运动方式，即让你感到踏实、有活力、满足且精力充沛的运动方式。

丰富的营养

你摄入身体里的东西是很重要的。这是你身体的燃料来源，摄入的营养物质的质量将影响身体系统的运作。然而，对一个人的身体有效的东西未必适用于另一个人。

许多高敏感者对食物很敏感。记录你的食物并监控食物对你的影响，对许多高敏感者来说可能是一种有帮助的做法。告诉你该吃什么已经超出了本书的范畴；不过，你可以使用以下饮食监控表作为模板来记录食物在生理上和情绪上给你带来的感受。

表格中还列出了喝水的杯数以帮助你记录你每天是否摄入了充足的水分，以及这对你的感受有什么影响。

表5-1　饮食监控表

星期日					
时间	吃东西前的感受	吃的食物	喝了几杯水	吃完东西后当下的感受	吃完东西3~4小时之后的感受

续表

星期一					
时间	吃东西前的感受	吃的食物	喝了几杯水	吃完东西后当下的感受	吃完东西3~4小时之后的感受

星期二					
时间	吃东西前的感受	吃的食物	喝了几杯水	吃完东西后当下的感受	吃完东西3~4小时之后的感受

续表

星期三					
时间	吃东西前的感受	吃的食物	喝了几杯水	吃完东西后当下的感受	吃完东西3~4小时之后的感受

星期四					
时间	吃东西前的感受	吃的食物	喝了几杯水	吃完东西后当下的感受	吃完东西3~4小时之后的感受

续表

星期五					
时间	吃东西前的感受	吃的食物	喝了几杯水	吃完东西后当下的感受	吃完东西3~4小时之后的感受

星期六					
时间	吃东西前的感受	吃的食物	喝了几杯水	吃完东西后当下的感受	吃完东西3~4小时之后的感受

记录一周的数据并探究以下问题：

某些食物与某些情绪之间是否存在相关性？（例如，我在摄入糖或咖啡因2~3个小时之后会感到焦虑吗？当我感到悲伤时是否倾向于暴饮暴食？）

_____

_____

是否存在与食物相对应的生理症状？

_____

_____

可能引起敏感的需要注意的常见食物组合：乳制品、麸质、凝集素、茄属植物（西红柿或茄子等）、加工糖、代糖、酒精、加工肉类、食用油。

需要注意的生理症状：感觉紧张、心悸、心率加快、震颤、胃痛或不适、胃灼热、出汗、饥饿感增加、易怒、头痛、疲劳、精神错乱、注意力不集中、疲倦。

什么食物能让自己感觉状态最佳？

_____

_____

我怎样才能多摄入这些食物？

_____

我是否摄入了足够的蛋白质、健康脂肪、膳食纤维、维生素和复合碳水化合物？（这与你的健康需求、运动情况、身体状态等都高度相关。请考虑咨询专业人士，以确定你的需求。）

食物是你的燃料，选择能提升你身体功能的燃料有助于你每天都处于良好的状态。在进食准则、享受生活和保持健康之间寻求平衡可能是一个流动的过程，只要记住常常检查你的身体并做出有意识的选择就可以了。

常见挑战

当高敏感人群在"自己的敏感是不好的"这种认知中长大，那么有助于缓解这些敏感的自我照顾的举动就很容易与羞耻感连接在一起。如果周围的人对你的自我照顾需求加以评判或表示不解，这有可能会加深这种连接。

例如，如果你需要9个小时的睡眠时间，你的同事可能会说："哇，那一定很棒，但我有太多工作要做。"这句话的言下之意是，如果你和这位同事一样重视工作，你就不会睡得这么多。高敏感者可能因为他们优先考虑睡眠而被认为是"软弱的"、"懒惰的"或"自私的"。人们对于你自我照顾的方式的反应可能更多地反映了他们对自己的想法，而不是对你的想法。这位同事可能会对你的这些举动感到不满，因为你正在好好照顾自己，而他还没有弄清楚如何去做。你并不需要在意同事的评价，也无须为他们的自我照顾负责。你只需管理好自己的行为和选择就可以了。

另一个常见的误解是，很多人认为自我照顾是有钱有势的人才可以做的事情。虽然金钱可以增加某些自我照顾的选项，但它并不是自我照顾的基本要素。有很多有意的自我照顾是低成本的或免费的，你都可以尝试。量入为出，避免与他人比较也是一种自我照顾的方式，因为这样可以让你活在当下，并对你所拥有的东西心存感激。

自我照顾让你更有效率

自我照顾并不是一种放纵、自私的行为。相反，它是

159

生活中一个能给我们带来力量、必不可少的部分，可以让你成为更好的自己。广义来说，这意味着你也可以更好地照顾他人。随着你不断地了解自己，请考虑规划一些与你自己的"约会"，好让你可以继续加深对自己的了解和欣赏你自己。以下是一些免费或低成本的"约会"例子以及自我照顾的练习。这周就挑一个试试吧。

- ☐ 去一个新地方喝咖啡
- ☐ 去远足或在自然中漫步
- ☐ 安排一个晚上尽情观看一场精彩的表演
- ☐ 小睡片刻
- ☐ 洗个热水澡，点一支蜡烛，并播放舒缓的音乐
- ☐ 进行一次引导冥想
- ☐ 写日记
- ☐ 去商场或公园看人来人往
- ☐ 画画或涂色
- ☐ 准备一周的食物
- ☐ 整理或清洁你经常使用的空间
- ☐ 做一做温和的伸展运动
- ☐ 写一份感恩清单
- ☐ 尝试新的妆容、发型或时尚造型

☐ 跳舞

☐ 观看你儿时最喜欢的电影

☐ 吃早餐

☐ 收听播客

☐ 观看在线教程，学习一项新技能

☐ 晚上关闭你的手机或将其调成"勿扰模式"

☐ 烘焙一些美食

☐ 拥抱宠物或舒适的毯子

☐ 和朋友打电话

☐ 给某人写一张感谢卡或便条

☐ 去你当地的图书馆借一本书

☐ 许多博物馆都有免费日，研究一下并安排时间去参观

☐ 找一天早起并喝你最喜欢的热饮

你最喜欢的自我照顾的方式有哪些？在把其中一个或两个方式实践了几个星期后，你注意到你的幸福感有哪些变化（如果有的话）？

_____

_____

了解你自己，就像了解任何人一样，需要时间和空间。你可以了解并照顾好你自己，这对你有很大的帮助。最终，

这将使你成为一个更好的朋友、伴侣、手足、员工等，这会使所有人受益。

优先关注睡眠

睡眠对于保持身体健康是必不可少的。大多数成年人每天晚上最好能有7~9个小时的睡眠时间，但每个人都不同，有些高敏感者可能需要将近10个小时的睡眠（尤其是考虑到睡眠前的过渡时间）。每当你正从高压力或疾病中恢复时，你会需要额外的睡眠时间。良好的睡眠习惯包括：

» 固定的睡眠和起床时间（包括周末）。

» 在睡前1~2个小时关闭手机、电脑屏幕。

» 有固定的睡前程序，用来向你的身体发出信号，你正在为这一天进行收尾。

» 白天让自己暴露在自然光下有助于调节昼夜节律（蓝光疗法对那些无法照射到自然日光的人有帮助）。

» 如果酒精、糖或咖啡因等食物会影响你的睡眠，限制其摄入量。

如果你已经形成良好的睡眠习惯，但每天早上起床仍然感到疲惫且起床困难，请寻求医疗协助，因为这表明你可能存在潜在的健康问题。

回顾过去的经验

无论是高敏感人群还是非高敏感人群，他们经常会将自我照顾与自私联系起来。这来自错综复杂的文化信息，并会导致关于自我照顾的愧疚感和羞耻感。由于高敏感人群对隐式和显式的信息特别敏感，他们更容易在深层次上内化内疚感和羞耻感。请记住，你和抚养你的人之间会有代沟和文化差异。这种意识可以帮助你在思考你成长过程中的自我照顾是如何被讨论、塑造或评估的时候，对自己和他人保持同情心。

一个明确的负面信息的例子可能来自信仰背景，在这种环境下，你被教导始终先考虑他人再考虑自己。然而，实际上，这将不可避免地导致倦怠并削弱你照顾他人的能力。一个隐性信息的例子是观察你的监护人是如何进行自我照顾的。如果曾经你的家长从事两份工作，而且牺牲了自己的健康、睡眠和幸福感等，这可能会在自我照顾方面给你传递一种令人困惑的信息。如果你目前是一位监护人，请考虑通过邀请你的孩子与你一起散步、一起安排一场电影之夜或走进大自然，以塑造其自我照顾的观念。

自我照顾 vs 自私

内疚感和羞耻感有时候会迅速潜入并破坏你为照顾自己所做的努力。注意什么是自私，什么可以帮助你成为一个更好的朋友、伴侣、同事或家人，这有助于消除你关于自我照顾的消极看法。

哪种自我照顾形式经常让你感到内疚？

_____

_____

当一个人做了冒犯性的、违反规则的或对他人有害的事情时，内疚是起作用的。你的这种自我照顾的行为在哪些方面会被视为对他人有害？

_____

_____

　　请记住，对某人没有好处并不等于对其有害。例如，你的伴侣可能会说："如果你要睡9个小时，那你上床睡觉时我会感到孤单。"你的伴侣能有人陪伴固然是好事，但他们的社交需求和你的生理需求是两回事。

　　相反，这种自我照顾的好处是什么？（例如，我休息好了，与伴侣共度时光时我会更加积极和投入，我在工作中会表现得更好，我会感觉更自信，而且我会更少生病。）

_____

_____

　　当你在衡量自我照顾的利弊时，是利大于弊吗？

_____

　　如果不是，是否有其他可能更有效的自我照顾方式？

_____

_____

　　如果是，你是否希望朋友因为这种自我照顾行为而感到内疚？那么你能把相同的宽容心态延伸到自己身上吗？

_____

_____

关于自我照顾这件事，用你回应朋友的方式来回应自己，可以帮助你重新界定自我照顾。这是将善待自己融入日常生活的一种方式，让你能用健康的方式照顾自己。

本章回顾

　　对于高敏感人群来说，健康可能是经常变化的，但是，预防大于治疗的观念是一种促进健康的有效方式。睡眠、营养和运动是健康的基石，优先考虑这3件事，可以让高敏感人群从中受益。当你探索健康需求的基础时，请记住以下几点：

　　1. 重视睡眠对于短期和长期健康是极其重要的。

　　2. 你摄入的食物很重要。

　　3. 适当运动对你的生理和心理健康都有益处。

　　4. 大自然会在很多方面给你带来好处。

　　5. 自我照顾不是自私，相反，它最终能让你所接触的每个人都受益。

第六章

自我探索的超能力
—— 如何挖掘
深层次的自我

深入探索你过去的经历可能是令人却步的，也可能是很艰难的，但却非常值得。很多高敏感者一直在以不同的程度重新消化过去的伤痛。你活的时间越久，你需要处理的经历就越多，你可能很快就招架不住了。你也许抱有这样的期望：你可以修复一些关系，生命中的重要人物会来治愈你。但是，你要学习的一门最难的功课是，你必须成为自己最好的父母、支持者和朋友。你需要探索如何整合伤痛回忆，并且通过感恩和善待自己，从这些经历中成长起来。

治愈旧伤痛

如果你认识曾经接受过心理治疗的人，他们经常会说："心理治疗很辛苦！"重新回顾过去的伤痛、破裂的关系、自己和亲朋好友的缺点和生活的灰暗面，会让人精疲力竭。同时，心理治疗又是找到健康生活方式和最大限度享受生活的必经之路。

以骨折为喻，如果某人快速处理伤情，他们可以重接断骨，因此伤口会（经过一段时间）愈合。一旦伤口愈合，骨头几乎能恢复到原本的机能，有时甚至可能比之前更加强健。但是，如果你的骨头断了却不处理伤口，会发生什么呢？你的身体会尽力去修复骨头，你会发展出一些补偿性方法去维持一些功能，而且你会经历反复的疼痛。因为害怕疼痛和引起伤情恶化，你会让他人远离你的伤口。等到终于接受治疗时，医生可能需要把骨头再次打断，以便更好地接上它，并且帮助它复原到功能更强的状态，这会带来很强烈的痛苦。而且，你还得进行物理治疗，重新学习如何去使用它。然而，一旦痊愈，你便可以重新开始自己健康快乐的人生，这是一个令人兴奋又耗时的过程。重新打开自己过去的情感伤痛也有类似的感受——痛苦、缓慢和艰难。这就是为什么让专业的心理健康咨询师陪你度过这段艰难时光很重要。

精神分析学家詹妮弗·孔斯特（Jennifer Kunst）博士在她的《躺椅上的智慧》（*Wisdom from the Couch*）一书中列举了心理治疗中最常见的一些主题。她着重提到的主题包括不公平、成长、接纳、生死、谦卑等，她谈到了这些事情美好和令人心碎的一面。对于高敏感人群而言，他们比非高敏感人群对于这些事情产生的共鸣更深，消化的时间更长。要想回顾这些主题，你需要重新经历悲痛，放下过去的事，看淡过去和现在的不公平，放弃你可以改变别人的想法。经历了这些，你才能真正感受到生活的深层美好、联结、希望和意义。

当你开始放下你无法改变的事情，也不再进行无益于自己进步或健康的自我谴责时，你便有空间去接受新的想法和体验，这让你更加充实。当你满脑子都是过去的事情时，你就很难容纳新的体验；在处理过去的事情和获得新的体验之间取得平衡非常重要。你可能有许多想起来就尴尬的回忆，这会让你苛责自己。但是，只有当这种苛责促使你成长和学习时，它才是有益的。当苛责不能使你变得更好时，你就应该开始处理这件事了。你可以采取自我同情、挑战和重新定义负面思维、练习感恩等方式，也可以接受心理咨询，这些都是有用的。

以自我同情的角度重新书写人生篇章

你对自己说的话塑造了你独有的经历。如果你把自己看作是一个累赘，那么，当有人向你说"不"的时候，你就会戴上有色眼镜解读这句话，认为"我是一个累赘"。简单来说，语言是有力量的。一旦你改变对自己的评价，你便可以改变对于一些关键事件的解读。

请回想一件近期发生的尴尬事，包括人物、环境、对话和后果。给自己5分钟的时间来好好回忆这件事。如果你觉得难以承受这种回忆，可以玩会儿你最喜欢的解压玩具或者散会儿步，但是请别跳脱出来做别的事。

_____

_____

请想一想你最喜欢的小说和故事类型。你也许还有自己最喜欢的电视连续剧。现在，你可以选择一个类型，换一个主角，重新书写你的故事。想一想，对于这个主角长远的成长故事来说，这个事件会起到什么作用？

_____

_____

你很可能对这个虚构的角色使用了更加温柔、更具同情心或更有目的性的语言。那么，请你开始使用类似的语言，来理解自己的成长和发展吧。

补充疗法

关于压力和心理创伤如何在生理上呈现，贝塞尔·范·德科尔克（Bessel van der Kolk）和加博尔·马特（Gabor Maté）两位医师都提供了十分有用的见解和研究资料。关于为什么会发生这种情况的全面科学理论综述超出了本书的范围，但简单来说，你的情绪状态和你的生理状态是相互关联的。虽然这对于普通人来说是很常见的，不过高敏感人群尤其容易受到这种相互关联的影响。因此，考虑一下对你的健康的治疗干预包括但不限于谈话治疗。身为一名心理医生，我总是会推荐心理治疗。将你的生理需求和情绪需求两者都照顾到，对你来说很重要。对于许多高敏感者来说，以某种方式调理身体，并配合调节心理健康，是大有裨益的。尽管同时获得这两种类型的资源并不是一件易事。

你可能已经注意到，当感到压力时，你可能会在身体的不同部位累积紧绷感。例如，人们通常在肩膀和颈部累积压力。肌肉频繁地过度收缩，频繁或持续分泌压力激素（如皮质醇、肾上腺素），血压升高，都可能是压力在体内产生的影响。因此，关注你的身体是有助于整体治疗的。人们在接受按摩时，痛苦的回忆会突然浮现，或随着身体压力的释放而开始哭泣，此类情况并不少见。

肌肉骨骼疗法（如按摩疗法、针灸、脊椎推拿疗法）可以包含多种干预措施，具体取决于你的健康状况、偏好以及可以得到的资源。肌肉骨骼干预疗法的经验验证差异性较大，因此你最好事先多做些研究并与你的医师讨论咨询，以找到比较适合你尝试的干预方法。当你开始你的生理和情绪治疗之旅时，在你开始重建之前，可能会有一个打破的过程（想想重接断骨的比喻）。当你感觉已经准备好开始重建时，你可以采取引入物理治疗、请教练指导或加入运动社群等方式，使你的身体从康复转变为茁壮成长。

治疗的阻碍

比起情绪治疗，人们往往更能接受生理治疗，对身体状况也更富有同情心。使用形容生理创伤的语言，可以帮助你重新界定情绪治疗的过程和你可能无法释怀的创伤过往。

如果你曾经历过多次情绪"骨折"，可能很难知道要治疗情绪"骨折"首先要注意什么。自我保护、恐惧和不知所措都可能是你推迟开始治疗之旅的原因。了解治疗的阻碍可以帮助你在治疗过程中有意识地采取后续步骤。每个人的旅程看起来都不尽相同，每个人都会在不同的时间受益于不同的干预措施。

请花一些时间回顾一下你的整个人生和需要治愈的伤口。列出可能会对你有帮助的干预措施。

例如，阅读关于界线和相互依赖的书。

_____

_____

例如，开始接受治疗。

_____

_____

查看所列出的干预措施，列出你在开始进行其中一项或全部措施时面临的阻碍。

例如，我通常看电视，不看书。

_____

_____

例如，我的工作安排让我很难找出固定的时间接受治疗。

_____

_____

例如，我的财务状况紧张。

_____

_____

请记住，想把这些阻碍一次通通解决是不现实的，是否有一个阻碍是你可以先着手开始解决的？你能不能到图书馆办一张借书证并找找能免费借出的书籍？你能不能搜索提供远程医疗服务的治疗师？是否有提供减免看诊费用的社区诊所？请考虑下个月选择哪个阻碍来解决，当你完成一项有益的干预后，请考虑返回查看这里列出的阻碍，并开始处理下一个。

常见挑战

在童年时期受过伤害的高敏感人群往往缺乏自信。高敏感人群可能会反复听到一些信息，例如，他们的敏感是一种负担，他们是人际关系中的问题所在。这可能会导致一种不正确的观念，让高敏感者认为自己对现实的感受是错误的，并且他们需要别人来验证他们的感受，然后才能相信自己的感受。

高敏感儿童会从他们的监护人那里寻求安慰、理解和保护，但并不总会如愿。当你还是一个孩子时，你会经历许多陌生的感觉（想想婴儿的饥饿感）和情绪（比如你没有得到你想要的东西时感到沮丧）。孩子会期待他们的监护人来帮助自己理解这些经历（或保护自己）。高敏感人群渴望也需要他们的监护人提供协助来帮助他们处理这些感受。如果没能得到协助，他们的情绪可能会变得难以承受和混乱。如果高敏感者没有学会如何处理和控制自己的情绪，他们就会开始从其他人际关系中寻求帮助。这会使高敏感者容易陷入相互依赖或被操纵的境地。

高敏感人群的另一个挑战是界线模糊，这可能导致高敏感者过度吸收他人的情绪。当人们观察他人的行为或情绪时，镜像神经元就会启动。随着中枢神经系统感觉处理的增强，你的镜像神经元也会增强。这意味着当你看到有人被踩到脚趾时，你可能会感到自己的脚趾一阵刺痛。因此，周围其他人的情绪，也可能会在你内心引发类似的情绪。这是使你成为具有高度同理心的好朋友的部分原因，但这样也可能很难分清这些情绪是属于谁的。当你正在经历强烈的情绪时，仔细确认这些情绪的来源对你是很有帮助的。

做自己的父母

本书中的许多练习都是邀请你以一种更有爱心的方式与自己互动——本质上是让自己成为一个对自己充满爱心的父母、一个积极支持你的父母、一个足够爱你且帮助你成长的父母。顺着这种思维，让我们来练习处理和控制情绪。

请花几分钟时间回想一下你小时候经历过的强烈情绪。（如果是创伤经历，你最好与专业人士一起处理，但许多高敏感者都能记得一些强烈的、非创伤性的情绪经历。）请想象成年的你蹲下来并富有同情心地与儿时的你对话。用以下问题问问儿时的你，然后把儿时的你的回答写下来。

成年的你：在你变得不高兴之前发生了什么？

儿时的你的回答：_____

_____

成年的你：你感受到了哪些情绪？请把你感受到的情绪尽可能多地列出来。

儿时的你的回答：_____

_____

成年的你：这些情绪的背后是否还有其他情绪？

例如，愤怒的背后通常有一种受伤或羞耻的感觉。

儿时的你的回答：＿＿＿＿＿＿＿＿＿＿＿＿＿＿＿

＿＿＿＿＿＿＿＿＿＿＿＿＿＿＿＿＿＿＿＿＿＿＿＿＿

成年的你如何帮助儿时的你理解发生了什么？关于你记忆中的那些情绪和对儿时的你所经历的事情的同情与理解，请写下一段富有同理心和认可的反思。

例如，我听说你因为你的朋友嘲笑你而感到生气、尴尬和受伤。有时，当我们感到受伤时，我们会发泄在另一个人身上，因为我们不知道如何去表达自己。

儿时的你的回答：＿＿＿＿＿＿＿＿＿＿＿＿＿＿

＿＿＿＿＿＿＿＿＿＿＿＿＿＿＿＿＿＿＿＿＿＿＿＿＿

学习如何自我认可和控制自己的情绪是很难的。这是在情绪上变得成熟的重要一环，如果你发现这类活动特别具有挑战性，不妨尝试好好利用心理治疗。

独立地表达主张

在人际关系中学习和建立界线时，其中一部分涉及表达主张。对于高敏感人群、内向人群和讨好型人群来说，这可能是一个令人生畏的词。幸好，在将自己带入人际关系之前，你可以先自己练习这项技能。

请回顾最近几天，确定你在这段时间需要的一样东西（如食物、休息、运动），在这里把它写下来：

_____

请想象你正在与某人交谈，并想出5种可以表达这种需求的方式。用不同的坚决程度、直接程度和紧急程度尝试进行表达。

1. _____

_____

2. _____

_____

3. _____

_____

4. _____

_____

5. _____

_____

请圈出让你觉得最自在的一种表达方式。在接下来的一周里，每当你发现需要某样东西时，请先把它辨识出来，并以类似的方式明确地向你自己表达出来。

学习辨识和表明自己的需求，是表达主张的重要一环，你可以随时随地与自己进行练习。例如，下次你觉得肚子饿的时候，请对自己说："我觉得饿了，我需要吃点东西。"随着你在这种练习中的成长，请开始摒弃会轻视你需求的措辞，例如，"我认为我需要""也许这样会更好"，或者任何为你的需求表达歉意的说法。

拥抱学习的过程

许多高敏感者要求自己（和其他人）遵守高标准。这有可能在你犯错时导致你会有羞耻和尴尬的感觉，尤其是当有别人看到的时候。你不可能是完美的，你也没办法知道你并不知道的事情。请回想你的一些"错误"，并利用你学到的方法练习重新界定它们，并对这一经验教训表达你的感激之情。

» 错误：我在整个团队面前搞砸了我的报告。

» 经验教训：在报告的当天早上，我最好少喝咖啡，并在做报告前把报告内容多复习几遍。我很高兴我现在知道这一点了，并期待下次试试新的做法。

错误：_____

_____

经验教训：_____

_____

错误：_____

_____

经验教训：_____

_____

错误：_____

_____

经验教训：_____

_____

　　允许自己不够完美，并成为终身学习者，可以为你提供成长和善待自我的空间。

> 　　羞愧是犯错时的一种常见反应，当它促使你做出更好的行为时，它可以是一种有用的情绪［例如，我为自己对史黛西（Stacey）大吼大叫感到羞愧，下次我想用不同的方式回应］。但是，如果将羞愧感与你作为一个

人的价值联系在一起时，那它就不再起作用了（例如，我对史黛西大吼大叫，我对我自己这个人感到羞愧，我不配拥有好朋友）。

成功与发展

听听来自你不常接触的群体的故事，可能是培养同理心和学习从新的方向思考世界的一种好方法。我从患有慢性病群体那里学到的一个有益心得是，为自己所失去的东西感到悲伤是可以的，以及完全可以允许自己和别人有所不同。要特别说明的是，高敏感并不是一种疾病，但它确实意味着你在感官输入和信息处理方面有独特的需求。人类是渴望融入社会的生物。从进化的角度来看，融入社会可以让一个人生存下去。但也要考虑到，社会所推崇的是那些走自己的路并且不怕与众不同的人。有时候，融入群体会对你的职业和社交发挥重要作用；但有些时候，你也必须接受自己与别人的差异。

当你开始自己的治愈之旅之后，你可以从在高敏感特质下谋求生存转变为利用高敏感特质使自己蓬勃发展。生存是一种状态，在这种状态下，你每天得过且过，经常感到不堪重负、精疲力竭或疲惫不堪。而蓬勃发展又是另一种状态，在这种状态下，你具备有效的应对能力，正在时时成长和进步，并且大部分时间都以最佳的状态在工作、生活。当你蓬勃发展时，你将与你自己建立以欣赏、温暖和成长的动力为标志的健康关系。通过阅读本书，你已经开始了迈向蓬勃发展的旅程。请不要就此停下，继续了解你自己，并且探索你所重视的、享受的、喜欢的、不喜欢的和需要的事物吧。

培养赞赏自己的态度

有时候，你更容易从别人身上看到你所喜欢的特质，然后才看到自己身上也具有同样的特质。人们评价他人往往比评价自己更友善。因此，在你身上可能被视为社交缺陷的部分，在他人身上看起来却是社交强项。接下来，你需要先辨别出你所欣赏的人身上的与众不同之处，然后再把目光转向你自己。请想一想你所欣赏的人，并找出至少一项他们的与众不同之处对他们自身的有利之处（见表6–1）。

表6-1 你所欣赏之人的与众不同之处

你所欣赏的人	有利的差异性
瑞典环保少女格蕾塔·通贝里（Greta Thunberg）和澳大利亚喜剧演员汉纳·盖茨比（Hannah Gadsby）	两人都患有自闭症，并都认为自闭症是促使她们在公共场合演讲和游说并取得成功的原因之一

请想一想作为高敏感者，让你觉得自己与同龄人不同的一个方面（社交、家庭、职业、教育等）。

作为一名高敏感者，我感到自己在这些方面与大家有所不同。

_____

_____

你如何看待这种有所不同？

_____

_____

你曾经尝试如何最小化或避免这种有所不同？

_____

_____

如果你接纳并拥抱这种有所不同，会发生什么？

_____

_____

如果你放下这种担忧，你可以将这些资源分配到哪里呢？

_____

_____

开始从差异有利的角度看待这个世界，可以为重视多样性，包括你自己的多样性留出空间。你的差异让你独一无二，差异也让你从人群中脱颖而出。差异是阻碍还是天赋，取决于你如何解读它，进而会给你的生活带来巨大的不同。

精神实践

高敏感人群往往与自然、信仰和灵性相关的事物更契合，并更易受其影响。根据你的文化背景、你的生活经历中可以引起共鸣的事物的不同，这种敏感性可以有多种形式。正如高敏感人群在各个方面的经历，信仰有可能对其造成深深的伤害，也有可能给他带来极大的滋养。

信仰。目前关于信仰与高敏感人群之间关联性的研究仍然是缺失的；然而，据说有不少高敏感者将其作为自己身心健康的重要组成部分。结合高敏感人群的中枢神经系统过度活跃、练习正念能让中枢神经系统平静下来的共识，以及正念练习对情绪障碍有益的研究，高敏感人群重视信仰就说得通了。

许多信仰和精神实践都包含了某种形式的冥想和正念练习。因此，精神实践通常能帮助中枢神经系统平静下来。像瑜伽这样的练习特别有吸引力，因为它将精神实践与身体锻炼结合起来。在你的生活中腾出空间进行能滋养你的精神实践，这对你的思想、身体和灵魂都是有益的。

自然。许多高敏感者将自然视为他们灵魂的一部分。高敏感人群可能会发表诸如"当我去露营时，是我感觉最亲近自然的时候"或"当我坐在沙滩上时，我感觉与人类连接得更紧密了"之类的观点。与精神实践相似，研究发现，接触大自然可以改善高敏感者的情绪障碍和整体的身心健康。这可能与身处自然中时，感官输入的信息量减少有关，这可以让高敏感者感到舒缓、自在。自然常常也意味着更少的手机、电脑屏幕时间、更好的空气质量以及可以接触到各种有益菌群。养宠物是与大自然连接的另一种方式。

精神实践清单

　　许多高敏感者可以确定他们成长过程中的精神实践背景，但却很难说出在其成年后哪种精神实践标签让自己最舒服。精神实践标签往往对你内在的体验影响很小。与其关注你的精神实践标签，不如花点时间想一想你是如何与精神实践建立联系的。

　　当你感到沮丧时，你从哪里获取希望和力量？

_____

_____

是什么给你带来平静和舒适的感觉？

_____

_____

什么能让你找到生活意义或目标感？

_____

_____

你在私下如何与这些事物建立联系？

_____

_____

你在公共场合如何与这些事物建立联系？

_____

_____

什么是你从小就一直坚守的？

_____

_____

你从小就信奉的信仰体系有哪些调整或改变？

_____

_____

　　了解你是如何体验精神实践的，可以帮助你在你信奉的
信仰体系中连接到一些体验，并最大化这些体验。即使你可

能难以找到"正确的精神实践标签"，这也能帮助你连接到精神实践资源。

实地考察

这项练习需要走出家门，因为你需要与大自然建立连接。如果你行动不便或不方便去野外，你可以试试到附近的公园走走或者观看自然影片。此处没有设置练习来鼓励你与周围的风景建立连接。请利用以下问题作为促进你内在体验的提示。

1. 从几次深呼吸开始，把气吸到你的隔膜，感受腹部的起伏。呼吸新鲜空气，并注意周围可能散发出的自然气息。

2. 闭上眼睛，聆听周围大自然的声音。有哪些你注意到的声音，是在日常忙碌的生活中可能会被忽略的？请用几分钟时间静静聆听。

3. 把你的注意力转移到精神实践连接和希望的源头上。从你的信仰体系中想出一个词或短语，作为你接下来几分钟的专注点。

4. 每次吸气时重复这个词或短语。让它渗透到你的思想、你的呼吸、你对周围自然的体验中。你可以睁开或闭上眼睛休息一段时间，以帮助你集中注意力并与大自然连接。

5. 结束时，请对这段缓慢的、冥想反思的时间表达感激之情。在接下来的一个星期内，请把这个词或短语记在心中。

与自然以及你身外的事物建立连接，可以给你带来踏实感或内心的平静，尤其是对于高敏感人群来说。

确定我的需求

希望通过阅读本书，你已经更加了解自己。本着拥抱你的与众不同之处和善待你的需求的理念，开始思考你的需求是什么。当感官和情感需求从"可选"类别转移为"必要"类别时，高敏感人群往往会开始以不同的方式对待这些需求。就像你可能有需要每天服用的药物（如抗组胺药）和紧急情况服用的药物（如救援吸入剂）一样；生活中也有某些调节方法需要每天进行，以保持最佳的状态，也有用于适应突发情况的调节方法。就像药物一样，你可能偶尔会少服用"一剂"，而这可能是为了某件你看重的事情（例如，在外面待到很晚并且知道自己接下来几天会感到疲倦），或者某些无法避免的事情（例如，旅游），但为了获得最佳的效果，请尽可能严格遵守你的规则。

了解需求

回顾本书中讲到的各个主题，请花一些时间找出3个对你有帮助的规则或干预措施，以优化你在以下领域的能力。这些规则或干预措施可能会随着时间而改变。这很好，这意味着你正在成长和改变。其中一些规则或干预措施可能是特别理想化的，所以当其无法实现时，请用宽容的态度善待自己和他人。接下来开始概述你的需求吧。

环境上的需求（考虑5种感官需求）有哪些？

1. _____

   _____

2. _____

   _____

3. _____

   _____

4. _____

_____

5. _____

_____

如果想很好地社交，我对社交环境有哪些需求？

1. _____

_____

2. _____

_____

3. _____

_____

为了在冲突对话后修复彼此关系，我有哪些需求？

1. _____

_____

2. _____

_____

3. _____

_____

为了在一段情感关系中有安全感，我有哪些需求？

1. _____

2.＿＿＿＿＿＿＿＿＿＿＿＿＿＿＿＿＿＿＿＿

＿＿＿＿＿＿＿＿＿＿＿＿＿＿＿＿＿＿＿＿＿＿

3.＿＿＿＿＿＿＿＿＿＿＿＿＿＿＿＿＿＿＿＿

＿＿＿＿＿＿＿＿＿＿＿＿＿＿＿＿＿＿＿＿＿＿

为了和家人相处时做最好的自己，我有哪些需求？

1.＿＿＿＿＿＿＿＿＿＿＿＿＿＿＿＿＿＿＿＿

＿＿＿＿＿＿＿＿＿＿＿＿＿＿＿＿＿＿＿＿＿＿

2.＿＿＿＿＿＿＿＿＿＿＿＿＿＿＿＿＿＿＿＿

＿＿＿＿＿＿＿＿＿＿＿＿＿＿＿＿＿＿＿＿＿＿

3.＿＿＿＿＿＿＿＿＿＿＿＿＿＿＿＿＿＿＿＿

＿＿＿＿＿＿＿＿＿＿＿＿＿＿＿＿＿＿＿＿＿＿

为了在工作中有最佳表现，我有哪些需求？

1.＿＿＿＿＿＿＿＿＿＿＿＿＿＿＿＿＿＿＿＿

＿＿＿＿＿＿＿＿＿＿＿＿＿＿＿＿＿＿＿＿＿＿

2.＿＿＿＿＿＿＿＿＿＿＿＿＿＿＿＿＿＿＿＿

＿＿＿＿＿＿＿＿＿＿＿＿＿＿＿＿＿＿＿＿＿＿

3.＿＿＿＿＿＿＿＿＿＿＿＿＿＿＿＿＿＿＿＿

＿＿＿＿＿＿＿＿＿＿＿＿＿＿＿＿＿＿＿＿＿＿

我在健康上有哪些需求？

1. 有营养的食物：＿＿＿＿＿＿＿＿＿＿＿＿＿＿

2. 没有营养的食物：＿＿＿＿＿＿＿＿＿＿＿＿＿＿＿

3. 运动方案：＿＿＿＿＿＿＿＿＿＿＿＿＿＿＿＿＿＿

4. 睡眠量：＿＿＿＿＿＿＿＿＿＿＿＿＿＿＿＿＿＿＿

5. 其他：＿＿＿＿＿＿＿＿＿＿＿＿＿＿＿＿＿＿＿＿

感到自己受到过度刺激时，我的首选干预措施有哪些？

1. 在家里：＿＿＿＿＿＿＿＿＿＿＿＿＿＿＿＿＿＿＿

2. 在工作时：＿＿＿＿＿＿＿＿＿＿＿＿＿＿＿＿＿＿

3. 在社交场合：＿＿＿＿＿＿＿＿＿＿＿＿＿＿＿＿＿

4. 其他：＿＿＿＿＿＿＿＿＿＿＿＿＿＿＿＿＿＿＿＿

保留以上清单作为你的需求备忘录。随着你的成长、环境的变化或你更好地了解了自己的需求，请经常更新它。

本章回顾

深层探索可能是一个模棱两可且令人困惑的术语。请记住，所有伟大的成就都是一步一步完成的。本章刚刚触及了深层探索的表面而已。只要对你有帮助，就尽可能多地重复这些练习，如果在治愈自己的过程中需要寻求帮助，请不要犹豫。请记住：

1. 治愈自己是一个痛苦而艰难的过程，需要花费时间，而且很少能在独自的情况下完成。请给自己空间来经历这个过程，并慎重选择陪伴你的人。

2. 拥抱你的与众不同之处将为自由、成长和体验打开全新的大门。

3. 花费时间、精力和金钱来投资自己是值得的。这会让你成为一个更好的朋友、伴侣、专业人士、家庭成员等。

致谢

首先，我想感谢本（Ben），无论我写了多少，你总是我的第一个编辑，也不停地为我加油鼓劲。我认为自己每天都很幸运，言语已经无法表达我对你的感激之情。

感谢帮助我完成这个项目的坚强女性们，她们每个人都来自自己的专业领域，拥有独特的智慧。感谢：利兹（Liz）、卡蒂（Katie）、信（Shin）、里芭（Reba）、艾德丽安（Adrienne）、蒂凡尼（Tiffany）、克拉拉（Clara）、格蕾丝（Grace）、斯蒂芬妮（Stefanie）、埃丝特（Esther）、亚历克斯（Alex）和艾米（Amy）。你们一直支持我和我的工作，我很幸运认识你们每一个人。

我的导师们在不同的阶段推动我前进并支持我，使我走到了这一步。我的成就是建立在你们支持的基础之上的。谢谢你，玛丽（Mari）、安妮（Annie）、李（Lee）、玛丽亚（Maria）和凯文（Kevin）。

　　如果没有我的医疗团队的持续支持，我不可能写出这本书。你们帮助治疗我的斑马体肌病（zebra body myopathy），让我可以正常生活。几个月前，我还不相信我能写成这本书。但你们的不懈努力使我可以继续追求我热爱的事业。谢谢你们。

　　致我的客户——我很荣幸可以与你们在生活中并肩同行。你们比你们自己认为的更强大、更厉害。

　　最后，我想感谢我在卡利斯托（Callisto）的团队，我们合力完成了这个项目，也使我成为作家的梦想变成了现实。我要特别感谢瓦妮莎·塔（Vanessa Ta）和帕特里克·卡斯坦则（Patrick Castrenze）。如果没有你们在幕后的努力，这本书便无法问世。